互联网实验室文库

环保轻型纸印刷

绿色悦读 有你相伴

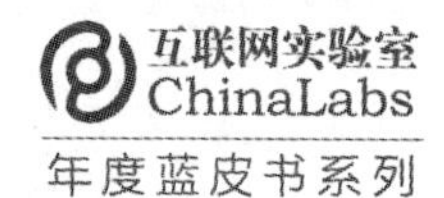

年度蓝皮书系列

微信蓝皮书 2014

主编 / 方兴东

执行主编 / 侯勇 张静

電子工業出版社
Publishing House of Electronics Industry
北京•BEIJING

内 容 简 介

本书全面介绍了微信的发展现状，深度剖析了微信在互联网金融、移动电子商务、电子政务、自媒体和新媒体营销等领域的实践应用与变革创新，预测并展望了微信在未来的发展趋势与变革热点，客观评价了微信作为社交全球化平台中的中国力量代表所蕴藏的战略价值、经济价值和社会价值。

本书是国内第一本聚焦微信的精品研究图书，中国最早的互联网智库——互联网实验室、全球领先的移动互联网研究机构——艾媒咨询强强联合，国内知名的微信与移动互联网研究者、观察者、实践者鼎力参与。本书研究深入、内容全面、分析独到、可读性强，极具前瞻性和参考性。

本书适合微信研究者、爱好与关注者，以及移动互联网创业者、从业者阅读和参考。

图书在版编目（CIP）数据

微信蓝皮书. 2014 / 方兴东主编. —北京：电子工业出版社，2015.3

（年度蓝皮书系列）

ISBN 978-7-121-25175-7

Ⅰ. ①微… Ⅱ. ①方… Ⅲ. ①互联网络－软件工具－白皮书－中国 Ⅳ. ①TP393.409

中国版本图书馆 CIP 数据核字（2014）第 298577 号

策划编辑：刘　皎
责任编辑：刘　皎
印　　刷：北京季蜂印刷有限公司
装　　订：北京季蜂印刷有限公司
出版发行：电子工业出版社
　　　　　北京市海淀区万寿路 173 信箱　邮编：100036
开　　本：720×1000　1/16　　印张：13.5　　字数：220 千字
版　　次：2015 年 3 月第 1 版
印　　次：2015 年 3 月第 1 次印刷
定　　价：59.00 元

凡所购买电子工业出版社图书有缺损问题，请向购买书店调换。若书店售缺，请与本社发行部联系，联系及邮购电话：（010）88254888。

质量投诉请发邮件至 zlts@phei.com.cn，盗版侵权举报请发邮件至 dbqq@phei.com.cn。

服务热线：（010）88258888。

本书编写委员会

主编：方兴东

执行主编：侯勇、张静

参编机构：互联网实验室、艾媒咨询集团

“年度蓝皮书系列”编写委员会

丛书总策划：刘九如

丛书总编：方兴东

丛书主持：赵婕

执行策划：刘伟、孙雪

丛书编辑合作单位：互联网实验室、浙江传媒学院互联网与社会研究中心、电子工业出版社研究院

丛书编辑支持单位：数字论坛、博客中国

序言

自 2013 年微信 5.0 推出后，微信作为移动互联网平台入口的形态已经初步形成。“即时”将是下一阶段互联网发展的核心价值。微信以智能手机为载体，通过图像、语音等方式搭建了人与人、人与物之间的即时网络。通过微信的连接功能，现实世界与互联网进一步融合。旨在连接一切的微信，将迸发出其强大的战略、经济与社会价值。

全球化已经成为中国互联网下一个十年发展的第一重任！微信很可能成为中国互联网全球化的基础平台。从目前的情况看，微信成为中国互联网“走出去”的排头兵的势头已经形成——海外用户数量超过 1 亿，在东亚、南亚和拉美地区形成了一定的市场优势。微信的全球化战略将为中国互联网发展带来前所未有的机遇和挑战。如何更好地利用微信平台，为中国互联网产品“走出去”提供良好的政策环境，仍有许多问题有待解决。我们期待全球化互联网平台中的中国力量代表迸发战略价值，成为我国软实力输出的基础管道和全球网络空间博弈的战略武器。

作为拥有超过 6 亿用户的互联网开放平台，微信与各个行业和领域的融合正不断深入，给上下游的很多行业带了更多的商业机会。中国电子商务研究中心的监测数据显示，截至 2014 年 7 月，微信公众账号总数 580 万个，每日新增 1.5 万个，有效带动移动了互联网的产业创新。微信 5.3 版本公布后，随着支付、CRM、用户信息等新技术端口的开放，越来越多的人将加入移动互联网产业，带动创业企业成长，创造出更大的社会效益。

微信支付、扫一扫等功能的结合为移动互联网提供了“造血”和“输血”功能，微信公众平台商业价值的迸发，为现实经济上网提供了便捷通道，直接将现实社会的价值搬到了网上。未来 5 年内，随着 O2O 战略的成熟落地，我们相信，基于微信平台的大众需求将更加多元化，信息交流、资源共享的基本应用，大规模地向即时商务、即时金融等应用拓展，实现虚拟与现实社会的融合渗透。

微信崛起之际，适逢国家大力繁荣和促进信息消费的时代。移动信息产业基本的支柱是创新，只有充分释放市场创新正能量，才能使协作各方达成互利共赢的新局面。微信作为移动基础渠道的功能已经逐渐完善。接下来，企业、政务、国家软实力的输出如何在这个平台上大展拳脚，实现共生共赢，我们拭目以待。

目录

第一部分　总报告篇

第二部分　自媒体篇

第三部分　政务篇

第四部分　企业篇

第五部分　产业篇

第六部分　展望篇

第一部分

总报告篇

互联网实验室[1]

1 互联网实验室，成立于1999年，15年来全程坚持中国互联网的前沿研究，全程立足于中国互联网创业的第一线，全程参与国家网络空间安全与发展制度决策研究支持工作，是国内唯一与政府、业界、学界、社会等层面建立深度联动和全面协同合作的网络空间领域智库机构。

第一章
2014 年微信发展态势

2014 年，微信的形态发生了巨大的变化。微信从简单的即时通信工具向移动互联网入口平台转变。微信在保持用户规模高速增长的同时，平台生态圈也日益丰富。自微信 5.0 版本面世开始，微信生态圈在支付功能的支持下正式成为具有生命力的商业模式。微信 6.0 版本的上线则宣告微信正式进入“视频时代”，实现了从图文信息到视频信息的进化，并进一步扩宽了微信的应用场景。

一．微信的发展现状和规模

微信全球战略取得初步进展。在国内，微信被业内称为“腾讯在移动互联网领域的第一张门票”。2013 年第三季度，微信的用户数量超过 6 亿，同比增长以倍计。在海外，微信积极推动本土化战略，以华人圈为基础，不断扩大海外用户群体，积极与当地运营商合作，以富有特色的营销活动提升品牌吸引力。

（一）微信的用户达到 6 亿，海外用户占 17%

截至 2013 年 10 月 23 日，微信注册用户数超过 6 亿[1]，同比增长达到 500%。微信月活跃用户数也有较大幅度的增长。

---

1 微信用户数据中，注册用户数据和海外市场数据来自腾讯官方不定期的对外新闻稿，根据公布时间进行大致划分；季度、月度活跃用户数来自腾讯财报。

微信在海外市场获得区域优势。2013年8月，腾讯官方宣布微信海外用户达到1亿。2014年年初，微信海外版WeChat在Google Play的下载量突破1亿次。目前，微信海外版已经覆盖全球200多个国家和地区，发布了20多种语言的版本。据报道，2013年7月微信在阿根廷、巴西、意大利、墨西哥、菲律宾、新加坡、西班牙、南非、泰国和土耳其等多个海外市场成为App Store中下载次数最多的手机社交应用。

2014年腾讯第一季度财报称，微信（含海外版）的月活跃用户数已达到3.96亿，环比增长11.5%，比2013年同期增长87%。2014年第二季度末，微信（含海外版）的合并月活跃账户数同比增长57%（4.38亿），同时，微信海外用户数已经突破2亿。

微信公众号向服务转变。微信5.0版本推出后，公众号分为订阅号和服务号两类，并在页面设计上对订阅号进行折叠，这标志着微信未来发展的方向将侧重于提供服务而非信息。根据腾讯2014年公布的数据，微信已经有超过580万个公众号，日均增长数从2013年的8000个上升至1.5万个，当前，国内基于微信的第三方服务商约有2000家。2014年上半年腾讯政务微博微信报告显示，政务微信总数超5000个，约占认证公众号的6%。

（二）微信产品的创新进程和特色功能

微信向平台化发展，产品不断进化（如图1-1所示）。从微信4.0版本确定平台化发展之后，微信加快了进化速度。2013年8月，微信推出5.0版本，“扫一扫”功能覆盖街景、条形码、单词、封面。此外，还增加了微支付功能、游戏中心等。微信在版本演进过程中，一方面，加强与现实的联系，形成与电脑端完全不同的移动互联网模式；另一方面，以打通支付渠道为基础，让微信平台成为真正的可以不断循环的多角色共生生态圈。2014年7月，腾讯微信事业群开放平台基础部助理总经理曾鸣在“微信公开课”广州站透露，微信开放平台已经聚拢了10万开发者[1]。2014年10月1日，微信6.0上线，增加了基于社交小视频的即时交流和分享，实现了从图文信息到视频信息的进化。除此之外，还增设了基于生活服务的

1 Bianews，2014年7月31日，安玉娜：《微信官方最新数据：月活用户近4亿 公众账号总数达580万个》。http://www.bianews.com/news/65/n-437065.html

卡包（可存放优惠券、会员卡及电影票等），进一步拓展了微信的应用场景。新版本的微信钱包可设置手势密码，游戏中心也进行了改版。

图 1-1　微信历史版本演进

资料来源：微信官网，互联网实验室，2014 年 8 月

二. 从微信 5.0 到微信 5.3——开启商业模式新征程

中国移动互联网发展加速进入实践阶段。2014 年 7 月 21 日，CNNIC 在京发布第 34 次《中国互联网络发展状况统计报告》（如图 1-2 所示）：截至 2014 年 6 月，中国网民规模达 6.32 亿，其中手机网民规模达 5.27 亿，成为增速最快的网民群体，这得益于智能手机硬件终端的迅速普及——向移动端迁移已经成为 2013 年互联网发展的重要特征。微信作为一款针对移动端的互联网产品，具有移动情景的原生优势。

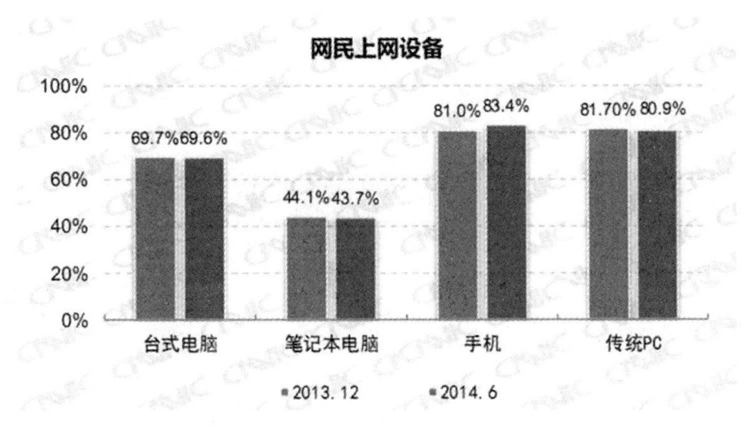

图 1-2　2014 年上半年网民上网设备使用情况

数据来源：CNNIC 第 34 次《中国互联网络发展状况统计报告》，互联网实验室，2014 年 8 月

微信弱化了媒体属性，转向提供即时网络服务。2013 年，微信依然坚持原有的强关系内的信息传播方式，在传播方式和传播渠道方面变化较少。2014 年，微信 5.3 版本发布，在即时通信方面，开设面对面建群、多选消息、收藏聊天记录、长按消息、翻译等功能。在公众号方面，微信 5.0 将公众号分为订阅号和服务号，并进一步将订阅号进行折叠，部分自媒体账号受此调整影响，粉丝数量和阅读数量都有明显下降[1]。而针对服务号，微信提供了一系列 API 接口，鼓励服务号为用户提供实用性服务。

微信 5.0 是对移动互联网模式的一次实用性的探索，微信 5.3 是在微信 5.0 基础之上的新拓展。微信 5.0 摆脱了旧版本“对讲机”的局限，正式以“移动互联网入口”的形象出现，其最大的创新在于将现实生活与虚拟网络进行即时连接。通过摄像头功能的扩展，微信将原本处于互联网以外的现实世界纳入，极大地延伸了网络世界的边界。智能手机功能日益强大，微信抓住硬件变革的机遇，充分发挥了手机作为人们以虚拟方式感知现实的新“器官”的功能。微信 5.3 的朋友圈约定数字、快速设群、收藏聊天记录等功能是对微信 5.0 在即时通信方面的进一步完

1　虎嗅网“微信公众号折叠后关于‘打开率’的小调查”显示，微信 5.0 推出后，自媒体账号数据出现不同程度的下滑，如万擎咨询 CEO 鲁振旺在微信 5.0 发布前，公众号 UV 每天累计 2000 左右，打开率约 25%，微信 5.0 发布之后，UV 降低为每天 1000 左右，打开率不到 15%。

善。从大屏到可穿戴微屏，互联网 Web 3.0“随时随地”的阶段特征日益明显（如图 1-3 所示）。在未来，现实与虚拟终将无缝对接，微信的产品进化方向亦与此时代规律高度契合。

阶段	大屏	中屏	小屏	可穿戴（屏幕）
终端形态				
使用特征	电脑桌使用，情景固定	便携，一定程度上打破了使用地点的限制	随身，基本实现了“随时随地”	无限制

图 1-3　互联网终端发展过程

资料来源：互联网实验室，2014 年 8 月

（一）开放接口，连接一切

微信 5.0 以连接为核心价值。从即时通信起步，微信并没有停留在“对讲机”的层面，而是逐步向移动互联网入口平台方向发展，通过新技术实现现实和虚拟的交互。微信 5.0 以“扫一扫”为基础，通过手机镜头将现实与网络连接起来，从而提供了一种全新的人与人、人与物即时连接的解决方案（如图 1-4 所示）。连接将更快地推动现实社会与虚拟网络的融合。

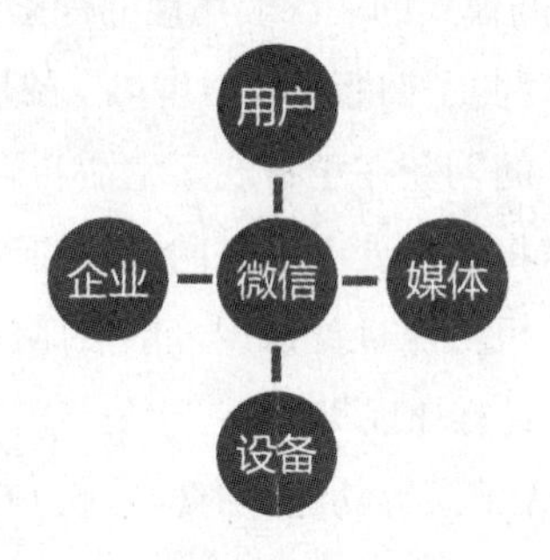

图 1-4　微信的“连接”模型

资料来源：互联网实验室，2013 年 12 月

微信连接的实用价值突出。与以往的互联网产品容易陷于商业化困境不同，微信 5.0 推出后，以“连接”为核心的产品形态便迅速被转化并应用到各种商业探索中。目前，许多商家基于微信的图像、语音、位置等技术，开发了一系列直接服务用户的产品。微信与大众点评网合作，建立了本地生活服务与移动互联网结合的模式，用户可以在公众号里寻找餐厅、购买团购券等。

微信平台生态开始出现良性循环。2013 年，微信为公众号提供了更多接口，使公众号能够提供更丰富的服务（如表 1-1 所示）。2013 年 8 月，微信支付功能上线，给微信平台增加了“造血”和“输血”功能。微信平台开始真正形成共生共赢的生态模式。目前，微信平台上已经有 2 万多款 App，服务涵盖移动生活的方方面面。

表 1-1 微信平台商业接口介绍

接　口	权　限	介　绍
支付接口	部分开放	直接在微信上支付并完成交易，形成闭环
主动下推接口	部分开放	主动向公众号的粉丝一对一推送信息，不限条数
授权接口	全面开放	以获取用户微信号、微信名称、地址等信息
一键关注接口	部分开放	在页面点击链接或者按钮，跳转到公众号关注页面，点击“关注”即可成为公众号的粉丝
一键分享接口	部分开放	直接在页面点击“分享”按钮，相当于手动点击界面右上角的“分享到朋友圈”按钮
批量拉取关注者接口	全面开放	批量调取公众号的粉丝，引导用户将一些好的应用分享给好友
关注者分组接口	全面开放	将公众号粉丝进行分组
上报地理标示接口	全面开放	主动获取用户的位置
关注者取消关注可见接口	部分开放	关注者取消关注之后，仍然可以看见关注者
共享收货地址接口	部分开放	调取用户的收货地址，只要粉丝在微信公众平台上填写了自己的收货地址，那么无论是否在当前的公众号都可以调取
CRM 接口	部分开放	将企业会员导入微信

资料来源：微信官网，互联网实验室，2013 年 12 月

（二）人际传播，分享变现

微信的关系结构具有分享优势。微信的关系网络继承了腾讯原有产品的积累和用户个人通讯录，本身具备较高的信任基础，加之朋友圈分享机制具备较高的私密性，因此，这种分享模式虽然难以形成类似微博的规模化传播效果，但是在抵达率和可信度方面具有较高的优势。微信分享实际上是将信息传播深入到人际关系之中，进一步推动了现实社会中人际关系“上网”。

微信分享为商业生态提供与真实个人连接的社会化营销渠道（如图 1-5 所示）。自从社会化网络产品诞生以来，对于社会化的商业探索就一直是互联网企业的困扰。从精准广告到社会化营销的各种尝试都难以摆脱旧的广告模式——商家与消费者的身份差异、简单的产品信息展示等都难以实现营销的社会化。微信通过照片分享建立的基于个人体验的信息传播模式将口碑营销与人际关系相结合，有可能实现真正的社会化商业模式。以微信推出的手机游戏为例，“打飞机”游戏在微信平台中以朋友推荐、分数分享等方式迅速推广开来。

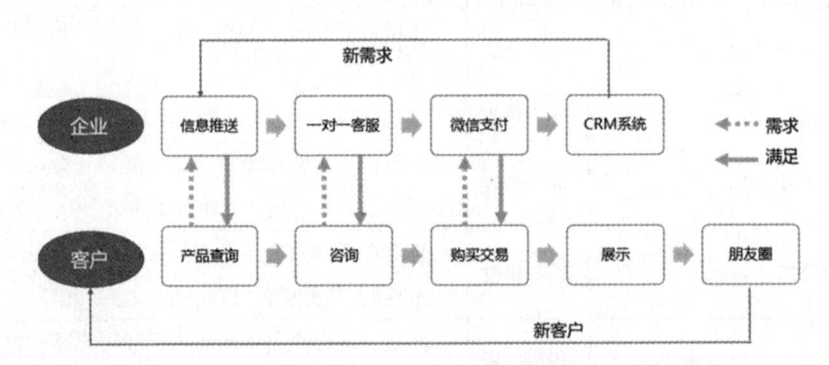

图 1-5　微信商业流程

资料来源：互联网实验室，2014 年 8 月

（三）涉水金融，推动变革

信息化的发展和互联网的全民普及为全新金融发展模式的诞生提供了肥沃的土壤。大规模同时在线及公众对于金融需求的断层孕育了互联网金融。互联网金融和线下金融相互弥合，相互拓展，对不断完善金融业态具有重要作用。银行、券商、基金等不少传统金融业机构均开设了微信服务号，尝试通过移动互联网与

客户保持互动。此外，2014 年 1 月 22 日，理财通在微信上线，单日存入资金超 8 亿元。目前，广发基金、华夏基金、招商基金等众多基金公司在微信上开设了服务号。微信作为移动终端最主要的平台，可以使公众更加便捷地生活。理财通微信服务号的上线为此后基金、股票、证券等服务号的入驻和用户交易提供了良好的市场环境。公众需求正一步步推动金融变革。

（四）支付再造，打通经济血脉

微信支付变革性地打破了支付场景的限制。微信 5.0 新增的支付功能主要提供了两种付款应用情景——近场远付，远场远付。其中，远场远付模式以往的代表是支付宝和网银。微信则充分发挥智能手机的硬件优势，对这两种支付方式进行了优化和简化。微信支付功能在不增加外接设备的情况下，为用户提供了近场支付手段，其突出的便捷特征将有可能打破现金、银行卡在现实支付中的统治地位。

微信已经接入了大量公众号，如银行类、餐饮类、通信类、旅行预订类公众号，可以为用户提供基本的查询、预订服务。因此，在账号方面，微信支付具有先发优势。在线下，微信和友宝售卖机合作在北京的地铁站内设置自助售卖机，用户可以通过微信支付的方式购买商品。

随着微信与银行的合作不断深入，微信内置的金融服务日益丰富。截至 2013 年 11 月，微信已经引入约 130 家银行的公众号，包括总行与各级分行，既有工、农、中、建等大型银行，又有晋中银行、九江银行等中小型银行。新版支付宝钱包也开通了微信公众号，截至 2013 年 11 月，已有工、建、农、中、交等 20 余家银行开通了支付宝钱包的公众号。用户使用银行公众号时，只需在支付宝钱包内寻找对应的银行并进行添加，再将自己的储蓄卡或信用卡进行验证，便可办理相关业务。目前，银行的公众号大都具备账单查询、立即还款、还款提醒、附近网点位置查询、信用卡申请进度查询、积分兑换、账单分期、优惠活动、业务通知等功能，基本上可满足用户日常的金融服务需求。

微信支付为移动互联网提供了“造血”和“输血”功能。商业社会离不开资金流动，微信支付为移动互联网商业生态圈的形成提供了最重要的资金流解决方案。微信支付通过与银行的有效合作解决了交易闭环的问题，由此，微信平台上的相关方将真正成为一个共生共赢的生态系统中的一分子。

第二章
微信的价值及意义

一．战略价值——全球化平台的中国力量

2014 年，微信在全球的影响力不断提升。微信用户规模达到 6 亿，其中海外用户数量超过 1 亿。微信在东南亚、南亚和拉美地区形成了一定的市场优势。微信 5.3 发布后，随着其功能的进一步完善，微信现实人际关系、推动传统产业变革的作用逐渐显现。

移动端成为互联网新的增长点。从全球的情况看，移动互联网发展迅速，与桌面电脑形成了此消彼长的格局。根据 StatCounter 的最新数据，我国移动 Web 浏览量所占份额 8 月首次达到了 28%。与之形成对比的是，市场调研公司 IDC 预测全球 PC 销量为 2.963 亿台，同比下降 6%，互联网相关企业纷纷加速实施移动战略。目前，在移动互联网领域，硬件、系统都形成了较为稳定的竞争格局，而软件应用仍处于发展阶段，格局未定。

微信全球化战略可以成为中国获得未来全球网络主导权的契机。虽然微信抓住新机遇，积极拓展海外市场，并取得了初步成果，但仍面临巨大挑战。根据腾讯官方发布的数据：2013 年 8 月，微信海外用户突破 1 亿；2014 年第一季度，微信（含海外版）月活跃用户已达 3.96 亿。2014 年第二季度末，微信（含海外版）的合并月活跃账户达 4.38 亿，同时，微信海外用户数量突破 2 亿。

在全球竞争的环境下，微信需要挑战 WhatsApp 等产品的优势地位。

（一）全球化战略的最新战果

微信的全球化取得了初步进展。2014 年，微信积极推进海外版本地化，适应海外社会和文化，同时在营销策略上使用本地明星，获得了较好的推广效果。海外 App 应用分析机构 App Annie 的数据显示，微信在多个国家获得了激活用户排行和收入排行的好名次：在 Android 系统中，微信在 21 个国家取得过排行榜前 10 名的名次；在 iOS 系统中，微信在 114 个国家获得了此成绩（如表 2-1 所示）。

表 2-1 2014 年微信全球排行情况

微信全球排行	Android		App Store	
	用户排名	收入排名	用户排名	收入排名
获得排行榜第一名的国家数量	9	—	63	3
进入排行榜前 5 名的国家数量	17	0	100	9
进入排行榜前 10 名的国家数量	21	0	114	20
进入排行榜前 100 名的国家数量	34	2	142	77
进入排行榜前 500 名的国家数量	47	23	155	121
进入排行榜前 1000 名的国家数量	48	23	155	124

数据来源：App Annie，互联网实验室，2014 年 8 月

作为主流社交网络工具，WhatsApp 仍然是全球排名第一位的社交网络工具。从 App Store 的数据看，其在 153 个国家获得过日排行第 1 名的成绩。微信 5.0 发布后，微信的产品形态与 WhatsApp 等主流社交网络工具有了较大的差异。未来，微信将有望通过这种差异性冲击现有的市场格局。

（二）全球化商业实战经验

微信获得的区域优势有其现实基础。目前，微信获得市场优势的国家主要集中在东南亚、南亚和拉美等地区。这些国家普遍存在基础网络建设不足但智能手机较为普及的情况，微信在即时通信、移动互联网入口服务方面正好契合了这些国家的手机用户对网络的需求。下一步，微信在欧美等网络基础设施发达的国家将面临完全不同的竞争环境。

与海外互联网企业的良好合作是微信全球化的推动机制。除了在美国设立了

微信办公室外，微信在各国的推广落地中也积极寻找合作伙伴。例如，2013 年 2 月，腾讯与印尼的媒体公司 PT Global Mediacom 成立了合资公司，合作的主要内容是推广微信；2013 年 6 月，腾讯又收购了马来西亚通信技术公司 Patimas 15% 的股份。

微信以“本地化”为特色进行全球推广，在实施全球化战略之初就注重适应海外用户的需求。

- 版本本地化：截至 2013 年 11 月，微信已经发布了 20 多种语言的版本，覆盖范围超过 200 个国家。更重要的是，微信还根据当地用户的习惯适当调整功能，如考虑日本用户对个人隐私的关注取消了“查看附近的人”功能。
- 品牌形象本地化：微信选择本地明星代言产品，建立品牌形象。2013 年，微信全球化品牌代言人为著名球星梅西。2014 年，南非著名电台主持人盖瑞斯·克里夫（Gareth Cliff）与微信合作，推出个人电台。此外，微信采用了新颖的广告方式吸引用户，如假扮 Facebook 的创始人马克·扎尔伯格为微信海外版做广告。
- 营销活动本地化：微信选择与其他优势品牌合作，利用扫一扫、支付等功能推出了很多新型的营销活动。例如，在泰国和知名饮料品牌 Chang 密切合作，开通“Wechang”官方账号，展开表情定制及线上与线下的联合活动；在台湾与 7-11 连锁便利店的网上商城（7net）合作，用户在网上购买的货物可以就近在 7-11 便利店收取；在新加坡，微信与全球打车软件 Easy Taxi 合作，新加坡当地用户可以通过微信海外版实现打车功能；在香港、马来西亚、台湾和印度尼西亚市场，微信与麦当劳、Nike、KFC、chattime 和 7-11 等合作，推动用户使用微信支付购物。

（三）全球化的战略价值

抓住移动互联网爆发的机遇，是中国互联网企业谋求未来 10 年优势地位的关键。移动互联网将成为未来网络发展的关键点。来自移动端的网络流量以每年 1.5

倍的速度增长，在韩国已经出现移动端搜索量超过电脑端的现象[1]。以 Web 为主要产品形态的互联网巨头将和新生的互联网企业一起面临向移动端迁移的问题。目前，具有移动原生优势的应用已经展现了强大的生命力。微信作为移动端原生应用，其全球化推广可以为中国互联网企业提供新的范例。

1. 展现技术实力的直接窗口

微信海外版成为展现我国互联网技术实力的直接窗口。目前，微信海外用户数量已经达到微信整体数量的 17% 左右，随着国内市场的饱和及海外市场的扩张，这一比例将继续上升。未来，微信的海外用户数量可能会反超国内用户，微信将成为中国第一个国际化的互联网产品。2013 年，微信率先在海外版公众号中添加了查阅消息 UV 和 PV[2] 数据的功能。随后的新版微信在交易风险控制上又运用了大数据技术，将用户使用微信的各种数据建立模型，对异常交易行为进行风险提示。微信以具体产品的形式将中国互联网技术展示给全球用户，微信品牌的建立有助于重塑“中国制造”的形象。

2. 软实力输出的基础管道

微信可以成为中国软实力输出的基础管道。微信平台上的中国媒体、企业公众号可以通过“信息订阅”和“提供服务”功能与海外用户建立联系。国内媒体、企业应该积极利用微信的渠道优势，建立品牌、文化的“走出去”战略。

随着中国驻菲律宾大使馆开通微信公众平台，中国驻丹麦、澳大利亚、以色列、墨西哥、巴西、意大利、日本、印尼等国家的大使馆相继开通官方微信。驻外使馆官方微信公众平台的开通有利于微信进一步扩展海外业务，拓宽国际化交流通道；提升驻外领事办事效率，服务华人华侨；密切两国人民交往，丰富两国文化交流，引领中国文化“走出去”。

1　数据来源：美国 KPCB 风险投资公司著名互联网分析师玛丽·米克尔（Mary Meeker）发布的《2014 年互联网趋势报告》。

2　UV，访问数（Unique Visitor），指独立访客访问数，一台电脑终端为一个访客。PV，访问量（Page View），即页面访问量，每打开页面一次 PV 计数加 1，刷新页面也计入 PV。微信提供此数据可以为公众号的运营提供支持。

3. 全球网络空间博弈的战略武器

当前，移动即时通信工具发展迅速，在全球范围内逐渐形成了欧美系、日韩系和本土系竞争的格局。一方面，以微信为代表的本土即时通信工具的发展在国内市场形成了绝对的控制地位，有效抵御了国外产品的大规模快速进入，有力保障了我国的信息安全、维护了我国的信息主权；另一方面，作为国内互联网企业，微信的服务器、技术研发平台等核心资料均在国内，能够保护我国移动用户的信息安全。

海外用户数量达到临界点，将打破互联网空间美国一家独大的局面。作为面向全球的互联网产品，微信对美国的互联网绝对优势地位形成冲击的可能性已经受到关注。《悉尼先驱晨报》在 2013 年 7 月的一篇报道中引用美国公民自由联盟高级分析师 Christopher Soghoian 的言论，“一旦微信在中国之外流行起来，中国政府将先于美国获得访问这些数据的权限”[1]。微信为中国提供了全球网络空间博弈的战略工具。

“人类的很多行为遵循一些统计规律，在这个意义上，人类 93% 的行为是可以预测的”。作为复杂性科学最负盛名的国际领军人物，全球复杂网络研究专家巴拉巴西在《爆发》一书中对大数据的意义进行了以上概括。大数据资源的开发、利用、维护，有助于构建国家信息主权，智能手机端形成的国民数据，对于体现该国的经济、社会、文化等的发展状况，了解该国舆论热点、民意走向等，具有重要的战略价值，是一个国家重要的战略资源和信息主权之一。微信大数据资源对于国家信息安全具有重要战略意义，掌握了微信，即意味着掌握了本国国民数据的主导权，这对防止大数据资源控制权流失而言具有重要的战略意义。基于微信全球化平台所形成的数据资源，其大规模的网络数据可以对社会经济发展、疾病传播分布进行预测，还可以用于追踪全球网络犯罪，有助于提升国家政治、经济、社会治理能力。

---

1 China's WeChat carries global ambitions. The Sydney Morning Herald, July 8, 2013. http://www.smh.com.au/it-pro/business-it/chinas-wechat-carries-global-ambitions-20130708-hv0q7.html

二. 经济价值——引领移动互联网经济新形态

移动互联网是经济增长点和技术制高点。微信作为现实与虚拟的连接，对传统产业的转型和升级的推动力远高于其他互联网产品。微信从即时通信起步，通过自身功能的丰富和新应用的开发，不断将即时网络服务覆盖到现实生活的方方面面。微信通过聚拢用户的力量，推动原有产业升级，帮助企业为其客户提供便捷的网络服务。

（一）激发电信产业的转型和升级

流量消费推动电信产业变革。电信产业作为国民经济基础产业，其变革将带动整体经济发展。当前以运营商为主导的产业链已经难以快速跟上和适应互联网时代用户的需求变化。2013 年年初，“微信是否应该收费”的争议事件折射出的深层背景正是运营商收入结构变化之痛——语音、短信业务下降，数据业务上升，是近年全球运营商普遍面临的问题。随着智能手机的普及，以微信为代表的移动应用将激发大规模的流量消费，推动电信产业从通信服务向数据服务转型。

1. 微信促进信息消费

微信促进信息消费，提升了整个产业链的价值。以智能手机的普及为硬件基础，近年来，移动互联网网民增长迅速（如图 2-1 所示）。CNNIC 最新数据显示，手机已经成为最主要的上网设备[1]，这一现实变化将带来网民在移动端信息消费需求的增长。据 2014 年 6 月工信部的数据显示，2014 年 1 月至 6 月，移动互联网接入流量增长迅猛，人均使用量加速上升。2014 年以来，伴随 4G 商用和移动数据流量资费的显著下降，移动互联网流量消费需求进一步被释放，推动移动互联网流量保持高速增长。2014 年 1 月至 6 月，移动互联网接入流量达 8.67 亿 GB，同比增长 52.1%；月户均移动互联网接入流量达 175MB，同比增长 44.7%。作为主

1　CNNIC 第 34 次《中国互联网发展状况统计报告》显示，2014 年 6 月手机接入网络比例为 83.4%，笔记本电脑为 43.7%，台式电脑为 69.6%；相比 2013 年 12 月的数据，手机增长 2.4%，笔记本电脑减少 0.6%，台式电脑减少 0.1%。

要拉动因素，手机上网流量达 7.28 亿 GB，同比增长 93.2%，在移动互联网接入流量中的占比达 84.1%[1]。

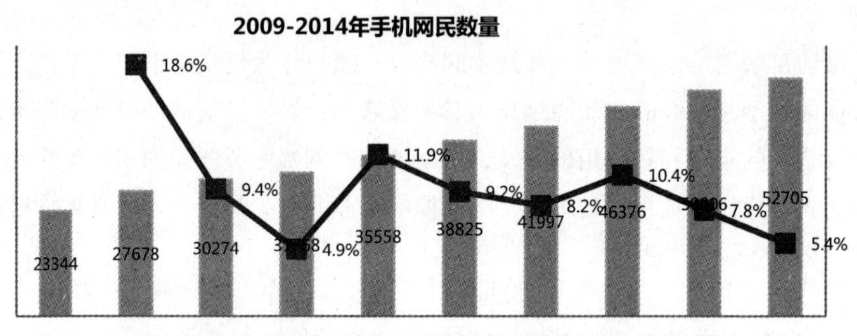

图 2-1　2009-2014 年手机网民数量

数据来源：CNNIC，互联网实验室，2014 年 8 月

信息消费对整体经济也具有一定的拉动力。日前，工业和信息化部公布了 2014 年信息消费规模。2014 年上半年，全国信息消费保持较快增长，整体规模达 1.34 万亿元，同比增长 20%。我国信息消费水平与发达国家相比明显较低，人均信息消费较发达国家有十几倍的差距。提供丰富的互联网产品、满足人们的网络生活需求、增加人均信息消费额，应该是互联网产业重点发展的工作。

2．与微信合作，运营商寻求突破

微信为电信业带来创新渠道价值。2014 年，微信的迅速发展引发了一场关于电信产业变革的讨论，运营商主营业务受到冲击、逐步成为流量管道已经成为全球性的问题。在微信与运营商关系的讨论中，各方普遍认可全球移动互联网发展是一次历史机遇，需要包括互联网企业、电信运营商在内的各方相互适应，协同变革。为此，腾讯公司在微信的发展中不断推动与运营商的合作。

在国内，微信与中国移动广东省分公司合作，推出“流量红包”业务，用户

1　工业和信息化部运行监测协调局，2014 年 7 月 18 日，《2014 年 6 月份通信业经济运行情况》。http://www.miit.gov.cn/n11293472/n11293832/n11294132/n12858447/16074357.html。

通过关注“广东移动 10086”官方微信，可参与“抢红包”活动。

在海外，微信十分注重与当地电信运营商的合作，如合作推出“微信流量”等。这些运营商包括新加坡的 StarHub、泰国的 AIS、菲律宾的 Smart、香港的 PCCW 和 Hutchison，以及印度尼西亚的 XL 和 Telkomsel。

（二）助推互联网产业迁移和扩容

作为拥有 6 亿多用户的互联网开放平台，微信与各个行业和领域的融合正不断深入，给上/下游很多行业带了更多的商业机会。目前，微信平台上已经聚集了超过 580 万个公众号、10 万名开发者，有效带动了移动互联网产业的创新。微信 5.3 发布后，随着支付、CRM、用户信息等新技术端口的开放，越来越多的人将加入移动互联网产业，从而带动创业企业的成长。

1．公众号降低移动创业门槛

“每一个公众号都是一个 App”[1]。公众号借助微信的自定义接口提供个性化的服务，如查路况、查信用卡、订酒店、订外卖、买门票、微团购等。微信 CRM 系统的接入，将为商家提供客户细分和具有针对性的营销解决方案。相对于独立 App 而言，基于微信平台的公众号模式显然门槛更低，不仅降低了创业者的起步成本，模块化的接口也便于公众号快速增加或更新服务。

2．移动创业生态圈初见端倪

微信生态圈开始形成共赢互利循环。目前，微信 580 万个公众号中有 70% 是企业账号，能够为用户提供实用的服务，微信支付功能打通了平台上各方之间的连接，形成了资金流动，通过落单交易真正让生态圈获得了生命力。

以微信手机游戏平台为例，由爱乐游开发、腾讯独家代理的“打飞机”手游《雷霆战机》（如图 2-2 所示）于 2014 年 3 月 20 日在微信、手 Q 正式上线，发布当天 5 小时登顶 App Store 免费榜榜首并一直保持到月底。《雷霆战机》发布初期，收入上升非常快，单日收入峰值超 1000 万元。究其原因，是微信已经成为移动互

1　2013 年 11 月“微信·公众”合作伙伴大会上腾讯提出的观点。

联网的入口。微信覆盖了 6 亿网民，拥有足够多的用户，并且可以覆盖用户的朋友圈，非常有利于用户寻找游戏伙伴。同时，微信是一个跨手机操作系统的平台，可以统一 iOS 系统和 Android 系统。另外，微信可以有效利用好友关系进行互动，如好友成绩排行榜、飞机大战索要游戏等，满足用户的荣誉与成就感。而微信支付功能的开通，更是打通了手机游戏从使用到购买的闭环链条。可以说，微信游戏平台已经是 App Store 了。

图 2-2　微信游戏平台示例

资料来源：互联网实验室，2014 年 8 月

微信平台上聚拢了越来越多的移动互联网创业机会。从服务开发到账号运营，微信将为越来越多的互联网创业团队提供新的机会。

【案例】“微”客户管理系统——精准筛选+针对服务=营销效果

“车商通”是一款针对 4S 店的微信接口软件。嫁接在微信平台上的“车商通”可以充分利用微信的接触优势为 4S 店提供便捷的实现客户管理系统的方式。4S 店可以利用这款软件对客户进行分类管理，有选择地发送有价值的信息，以服务的方式维系车主与 4S 店之间的关系，从而达到营销效果（如图 2-3 所示）。

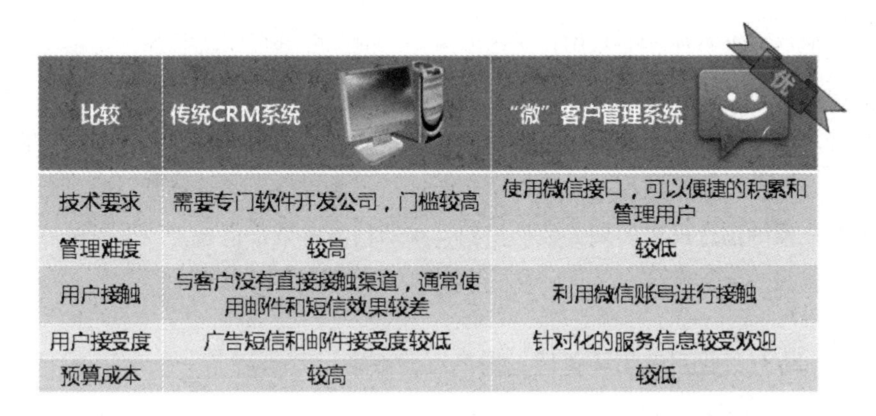

比较	传统CRM系统	“微”客户管理系统
技术要求	需要专门软件开发公司，门槛较高	使用微信接口，可以便捷的积累和管理用户
管理难度	较高	较低
用户接触	与客户没有直接接触渠道，通常使用邮件和短信效果较差	利用微信账号进行接触
用户接受度	广告短信和邮件接受度较低	针对化的服务信息较受欢迎
预算成本	较高	较低

图 2-3　微信 CRM 系统与传统客户关系管理系统比较

资料来源：互联网实验室，2014 年 8 月

（三）带来传统产业变革：提高管理效率，拓宽服营渠道

互联网对传统产业的提升价值在于能够利用新兴技术和互联网思维挖掘产业潜力。微信作为目前最具开放性的移动互联网产品，正在以提供连接的方式推动传统产业的变革。以往，互联网发展形成了一个与传统产业相对独立的虚拟社会。近年来，以电子商务发展为契机，互联网开始推动传统产业的变革，“以单定产”、“客户管理”等概念都对传统企业模式产生了巨大的影响。微信的兴起，为各行各业提供了更直接和便捷地接触消费者个体的机会，必将为传统产业带来更深刻的变革。

微信为传统产业的变革提供推动力。微信的连接能力打通了线上线下的区隔，传统行业借此可以直接与客户群体接触。微信对用户的强大影响力成为企业不可忽视的信息渠道和服务平台，逐渐形成了从商业链条末端逆向推动产业变革的力量。这一趋势会对以覆盖率为主要指标的媒体产业、广告产业等带来颠覆性的变革。

微信使传统产业具有工具优势。腾讯在个人数据积累和挖掘方面具有优势，由此开发出的微信支付、CRM 系统等产品能够为传统产业带来可见的利润和效率。随着微信用户群体的不断扩大和成熟，用户需求产生的力量将推动传统产业发生改变。

微信公众平台使企业与用户的沟通更加及时，互动性更强。在拉近企业与用户距离的同时，也使企业的服务更加准确、到位。同时，微信公众平台增加了数据统计功能，满足了企业运营管理的基础分析需求。微信平台庞大的客户积累，为企业建立客户体验数据库、赢得更多的客户机会提供了信息资源。通过微信公众平台积累的信息可以实现大数据挖掘，推动精准营销，也是大数据应用渗透移动互联网的一个新平台。

1. 助力企业完成闭环管理，提高运营效率

微信公众平台的功能日趋完善，包含的信息资源丰富、可利用性高。利用微信公众平台的数据统计功能，企业可以根据用户属性制定更为准确的营销规划，并且通过微信平台的即时互动性来执行规划、确认落实，根据用户的反馈进行评估和跟进，实现 PCDA 闭环管理，帮助企业提高运营效率（如图 2-4 所示）。

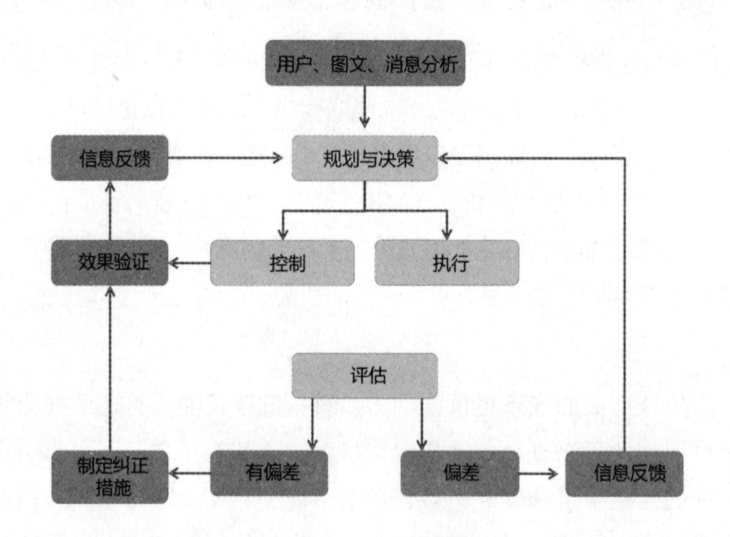

图 2-4　以微信平台数据统计功能为基础的闭环管理

资料来源：互联网实验室，2014 年 8 月

【案例】快递企业以微信公众平台为基础，实现运营管理新模式

随着微信公众平台快递接口的应用，国内多家快递公司开始推出自己的微信服务平台。有数据显示，凡客自有快递公司如风达的微信用户破 10 万人。其他快递公司，

如顺丰、中通、圆通、韵达、EMS等，也陆续推出微信平台，以更方便、准确、高效地完成快递投递任务。

微信公众平台是一个开放、互动的平台，可以实现用户与快递公司之间的无缝连接，增强用户体验。用户可以通过各快递公司的平台进行快递查询、快递员资料审核，以及对快递员和快递公司的服务作出评价、提出建议等。微信公众平台实现了用户与快递企业之间的无缝连接，企业与用户之间的平等互动也进一步增强了用户的体验及对快递企业的信任感。

微信公众平台可以搜集用户意见和建议，为快递企业的运营管理提供数据依据。快递企业可以通过微信公众平台发送发件通知、预约投递时间等，并可以搜集用户信息、用户评价、用户建议等。微信公众平台大量的用户数据、反馈、建议，为企业的用户管理、人员考核、流程优化等提供了数据依据，是提高企业运营效率的重要信息资源。

同时，微信公众平台将有效降低快递企业的运营成本（如图2-5所示）。国家统计局发布的《2013年国民经济和社会发展统计公报》显示，2013年全年快递业务量为91.9亿件，每一个包裹从发件到投递，按照发件方、收件方0.5元的沟通成本计算，也将达到46亿元。另外，“十二五”规划中曾指出，到2015年从业人员总数达到100万。按照每名快递员200元的花费计算，100万名快递员需要24亿元的沟通成本。而每家快递公司都需要投入巨资建立呼叫中心，产生的运营成本和沟通费用将给快递企业造成巨大的压力。微信公众平台的推出，不仅使发件、派件及日常沟通的成本均有效降低，也降低了呼叫中心的压力。

除此之外，快递企业如果能抓住机遇，利用微信公众平台快速建立起微信评价体系和服务可视化体系，建立科学、有效的KPI考核机制，将进一步规范快递企业的内部管理，提高用户体验。

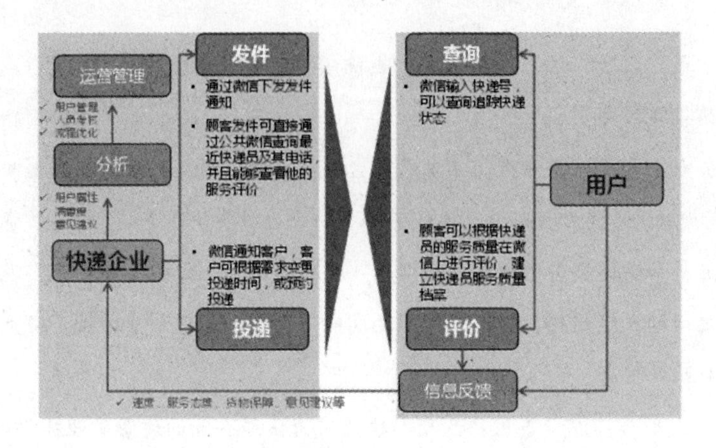

图 2-5　快递企业以微信平台为基础的运营管理

资料来源：互联网实验室，2013 年 12 月

2. 推动服务流程更新，加速智能生活落地

微信做到了与用户的真正即时交流，文字、图片、视频、语音等各种方式满足了年轻人的个性化沟通需求。这种及时、有效的沟通方式，给用户带来了更加优越的服务体验，图片、视频等可视化的方式更满足了用户对展示体验的需求。企业服务更加高效、便捷、可视化。

【案例】嘀嘀打车

“嘀嘀打车”于 2014 年 1 月 4 日接入微信，用户在微信“我的银行卡”界面中可看到“嘀嘀打车”的入口。用户在微信中使用叫车服务之后，还可使用微信支付向司机交付打车费用。同时，“嘀嘀打车”也接入了微信支付。上线当天，微信叫车达 2 万单，微信支付超过 6000 单。

在微信接入“嘀嘀打车”之后，用户直接在“我的银行卡”界面便可叫车，附近的司机在接单成功后，双方就建立了联系。乘客在上车之后点击“已上车”按钮，便会看到微信支付车费的提示。

在下车前，乘客手动输入计价器显示的金额，会进入微信支付界面，成功输入支付密码后，车费就会转入“嘀嘀打车”账户中，此时，司机会收到获取打车费的通知。

司机进入在“嘀嘀打车”中绑定的银行卡界面，就可以对此次的打车费进行提现（如图 2-6 所示）。

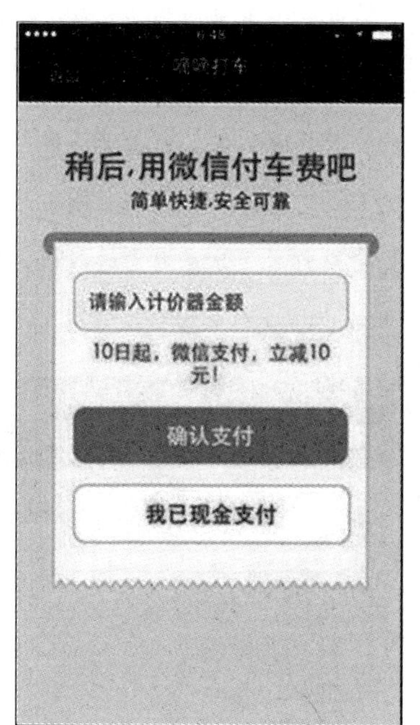

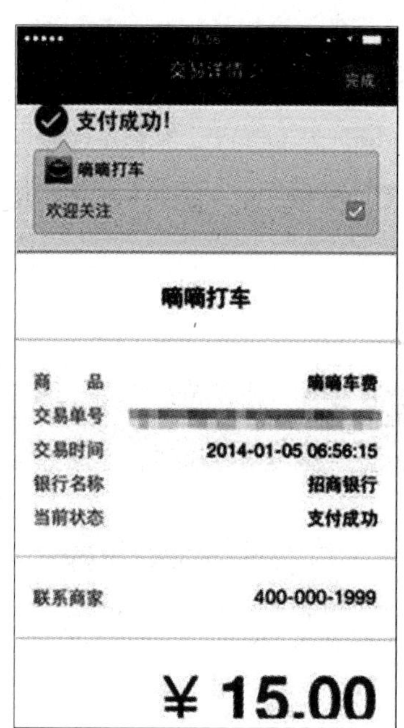

图 2-6　嘀嘀打车

资料来源：互联网实验室，2014 年 8 月

3. 整合营销与服务，拓宽营销渠道

微信营销的方式很多，如通过漂流瓶、附近的人、二维码扫描等功能建立并沉淀关系；利用开放平台、语音信息等功能进行内容推送，执行创意；直接在公众平台上打造品牌信息传递的生态链。与微博营销相比，微信营销利用了智能手机的用户优势，信息曝光率可达 100%。微信快捷的服务和购买方式也有助于带来新客户，实现营销服务一体化。微信公众平台虽然不能仅仅作为一个营销工具，却为企业营销拓宽了渠道平台。

【案例】京东商城

2014 年 5 月底，京东在微信一级入口上线。2014 年 8 月 15 日，京东公布 2014 年第二季度财报后，京东董事长及CEO刘强东、首席财务官黄宣德，以及京东商城CEO沈浩瑜参加了财报电话会议，对财报进行了解读，并指出：在移动端，微信是一座金矿，未来还有很大的挖掘潜力，京东的微信入口自5月底开通以来，转化率和UV价值都在提升。

京东目前已经构建了一个集电商平台、物流平台在内的非完善产业链，缺少的是强有力的支付闭环工具，以及在移动电商上的布局。京东纳入腾讯版图之后，可以利用腾讯庞大的流量池轻松地引入流量，微信支付则弥补了京东电商的短板，有助于京东快速实现移动电商（如图2-7所示）。强强联合，将重新布局移动电商。

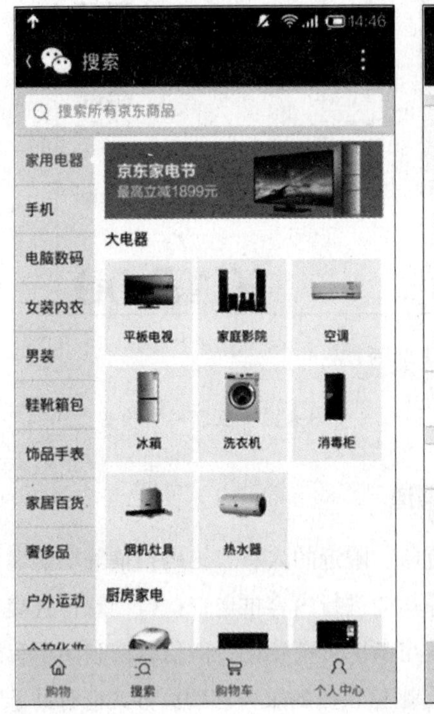

图2-7　京东商城

资料来源：互联网实验室，2014年8月

三．社会价值——创新社会管理与公共服务

微信自2011年1月推出以来，一直保持着高速增长，一方面是微信自身创造的经济价值，另一方面体现了微信的社会服务和管理价值。此前，国务院办公厅下发《关于进一步加强政府信息公开回应社会关切提升政府公信力的意见》，着重强调政务微博、微信的重要地位和关键作用，将政务微博、微信作为与政府新闻发言人制度和政府网站并列的第三种政务公开途径。2013年11月28日，政府网站绩效评估结果发布，政务微信的开通和使用情况成为政府网站绩效评估的重要一环。

中国传媒大学媒介与公共事务研究院7月13日在北京发布《中国政务微信发展年度分析报告》。报告显示，全国政务微信总量已近6000家，覆盖大陆31个省（区、市）和香港、澳门，职能部门覆盖公安、共青团、各级政府直属/下属及派驻的办公室、检察院系统、全国文物旅游系统等。未来，微信将在社会服务和社会管理方面承担重要作用。

（一）全覆盖服务平台

继网站、微博之后，微信这一新兴社交媒体也受到越来越多的政府机构的关注，逐渐成为政府与群众沟通交流的新平台，被亲切地称为“指尖上的政民对话”。

政务微信在电子政务、便民服务等方面日益发挥着重要的作用。基于微信平台的互动性和准确性，政务微信正逐渐成为建设服务型政府、树立政府公信力的桥梁和纽带。

首先，用户通过微信可以方便地实现与政务微信的“一对一”、“一对多”及“多对多”的实时互动，甚至可以实现基于LBS的位置信息共享，受众提供信息的真实性和准确度较高。其次，微信不同于微博，微信偏重社交、私密性更强的特点使推送信息的价值量大增。最后，微信针对信息的精准推送和区域性的小区广播具有大众媒体无可比拟的优势。“厦门智能交通指挥中心”、“广东省博物馆”、“吉林气象”、“洞头纪委举报平台”、“守护梧村”、“南京发布”、“黄石法律援助”、“武

汉交警”、“平安肇庆”、“罗湖法院”、“平安北京”等多个微信社区服务平台的推出，使微信公众平台成为政府发布政务信息、实现“点对点”为民服务的又一个重要平台，其政府与民众沟通的桥梁作用日益凸显。

（二）创建集约化管理模式，推动社会管理创新

微信不仅是一个公众服务平台，随着微信功能的优化，微信的社会管理价值也日益提升。

政务微信除了能够实现政民之间的“点对点”客户服务之外，更可以成为行政办事的服务平台。尤其是在微信支付方面，政务微信可充分打通支付渠道，为百姓提供水费、电费、燃气费等公共事业缴费或缴纳违章罚款等便民服务。同时，在微信应急、微信问政等方面发挥重要作用，使微信成为应急管理、舆情应对和组织动员的媒介，有效推动政府职能的转变，创新管理和服务方式。除此之外，未来在全国房产、信用等基础数据统一平台建成的基础上，政务微信还可用于查询社保、住房公积金、出国签证办理情况等信息，以及通过微信在公安部门办案过程中提供案件线索、形成立体化的社会治安防控体系等。

随着应用范围和领域的不断扩展与深化，政务微信将会发挥越来越大的新渠道、新平台、新手段、新舞台作用，成为创建和谐关系、推动社会管理创新的新工具。

（三）沟通无时无刻，服务送达指尖

微信的出现改变了中国人以往的生活习惯，打破了传统的沟通方式，平衡了信息不对称的现象，使人与人之间的关系更加亲密，沟通更加顺畅。而微信游戏平台的推出，在增强微信自身应用价值的同时，也让更多用户体验到微信作为沟通、娱乐工具的价值，为用户的业余生活提供了更多的乐趣。

政务微信重服务、轻宣传，以工具创新带动公共服务转型。不少政府部门通过政务微信实现公众问答、网上调查、信息推送等功能，做到“听”民声、“答”

民疑、“解”民忧，建立起新媒体环境下政府信息公开集中互动机制[1]。

“平安梅州”是广东省梅州市公安局的官方微信，可以提供 24 小时全天候咨询。关注该微信的市民通过输入数字即可了解 110 工作、交通管理、户政业务等方面的问题。对此，有网友称：“平安梅州”微信俨然成了大家身边的“随身小秘书”。

四. 升级互联网管理机制的绝佳机会

移动互联网作为一种新兴的网络形态，仍处于高速发展阶段，新情况、新问题不断出现。对这一新生事物的管理需要一种创新的管理模式。

（一）互联网管理新课题

微信作为新型的移动互联网产品，必将带来新的管理问题。微信作为我国第一款具有全球化属性的互联网产品，对我国内向型的互联网管理政策提出了挑战。微信具有很强的工具实用价值，尤其是其平台化转型后，微信已经不仅是腾讯的一款产品了。未来，微信用户的规模将继续增加，微信与现实产业的联系将日益密切，相关部门也需要改变过去以媒体内容为主的管理模式。

1. 微信时代的互联网“外向型”管理

我国互联网管理政策需要“走出去”。目前我国针对互联网的管理政策都是内部管理政策，如国外互联网产品进入的评估、审核，国内互联网产品的内容审查等，如何管理“走出去”的互联网产品仍是空白。微信海外用户已经过亿，占整体用户的 17%，未来中国市场趋于饱和，而海外市场将不断扩展，微信海外用户与国内用户数量持平甚至反超都是有可能的，相关部门需要对此作出相应的调整。

我国互联网管理滞后。互联网企业“走出去”后应如何协调海外法律与国内

1　《2013 年腾讯政务微博和政务微信发展报告》，人民网舆情监测室联合腾讯微博共同发布，2013 年 12 月 4 日。

法律等问题仍然属于空白，互联网产品使用中产生的大量海外用户数据如何保存和使用已经成为各方关注的焦点，中国互联网管理部门需要尽早做出政策准备。

2. 创新、实用的互联网产品管理方法

微信的社交属性强于媒体属性，管理方式需要创新。微信的基本功能是一对一的即时语音通话，即使在产品增加了公众号和朋友圈功能后，其在信息传播的广度方面仍然与微博等媒体属性较强的互联网产品有较大差距。微信与应用开发、传统产业的合作不断丰富，微信在通信、电子商务、O2O 交易等方面的价值日益显现，因此，以内容审查为主的管理方式显然已经不再适用。

微信推动传统产业变革，也会带来新的管理问题。越来越多的企业使用微信作为企业内部沟通工具或客户管理工具，由此带动越来越多的原本在线下的企业利用互联网技术改造企业内部机制，未来甚至可能推动产业的整体变革。现实与虚拟的界限日益模糊，原有的针对电脑端的管理规则难以适应未来的新生问题。目前，仅在电子商务领域，税收、版权、诈骗等问题的法律解释仍在逐步完善。国家的互联网管理政策需要加快创新以适应互联网产业的发展。

（二）运用互联网技术提高政府管理能力

中国的互联网管理应该更加开放。以往，中国的互联网企业与海外巨头相比差距较大，相关部门管理工作的重点在于审查准入。随着互联网产业的发展，中国的互联网企业已经开始具有一定的全球化竞争实力，中国互联网管理进一步放宽的客观条件已经具备。而对应于中国互联网产品的“走出去”，基于对等原则的要求，国内市场开放的声音也会出现，未来的中国互联网需要与世界全面对接。

1. 打造新的国家互联网治理体系

国家需要建立整体互联网战略。以微信为代表的移动互联网进入高速发展期，虚拟与现实的界限进一步模糊，网络技术因成为现代社会的背景而无处不在。人们的社会交往、信息传播、交易、消费乃至生活的方方面面都在新技术的影响下发生着变化。因此，对于互联网的管理需要提高到国家战略层面。

2. 调动企业作为市场主体的积极性及资源配置的决定性作用

微信的全球化管理经验是中国企业“走出去”的宝贵经验。出于现实因素的制约，以往我国互联网企业的产品都是集中在国内发展，从相关部门到企业都缺乏面对海外市场的经验，而随着即时通信的不断发展，“走出去”和“请进来”都成为大势所趋。微信作为中国互联网企业“走出去”的先行者，其在海外发展遇到的问题需要相关部门做好政策调整和准备工作。

微信对国内外用户实施区隔管理。作为同一款产品，微信与微信海外版之间并不是直接连通，国内用户不能直接通过搜索、摇一摇等功能关注海外公众号。这种区隔化管理一方面是为了适应国内的互联网内容审查机制，另一方面便于产品的区域化管理。

目前微信主要面对的问题是海外媒体对信息安全的质疑。微信在海外推广以来，对其安全性的质疑一直存在，主要集中在中国政府对微信海外内容的审查权限和微信海外数据的存储问题上。有报道称，2013 年 6 月 4 日，在印度联邦跨部门工作组会议上，印度国家安全事务副顾问桑德胡建议情报局、内政部和电信部联合商讨封杀微信的方案。腾讯对此的回应是：微信严格保护用户信息，从未违反当地的法律法规。

3. 建立企业与政府的信息共享与协作机制

互联网产品覆盖的用户规模越来越大，开始具备成为社会管理基础工具的条件。微信的全球用户超过 6 亿，其提供的信息传递和沟通模式覆盖了近一半的中国人口，每天发生超过 1 亿次信息交互，超越传统媒体的覆盖范围和传统通信工具的沟通范围，为实现大范围的社会协作提供了可能。相关政府部门应该充分发挥互联网产品的工具作用，以工具创新推动政府公共服务的转型。

互联网企业是网络空间的重要行为主体，在网络资源占有和配置方面具有优势地位。政府网络管理政策的实施需要建立与企业的良性协作机制，建立信息共享机制，充分发挥企业的主观能动性。

从战略的角度来看，中国需要全球化的网络平台。扶持以微信为代表的具备全球化、平台化、社交化基因的互联网产品积极“走出去”，对中国未来的发展具有积极意义。中国互联网全面对接世界网络的趋势已经初见端倪，当下正是中国政府升级互联网管理机制的绝佳机会，通过在顶层制度规范下发挥互联网企业的社会公共服务职能，构建大数据时代的数据安全政策与管理体系，可以有效扭转国际社会对中国互联网产业的负面评价，并为改变互联网产业美国一家独大的局面提供良好的政策环境。

第二部分

自媒体篇

第三章

微信自媒体发展综述

艾媒咨询集团[1]

一. 微信自媒体的产生与发展现状

(一)中国自媒体的发展历程

关于“自媒体”,美国学者谢因·波曼与克里斯·威理斯于 2003 年 7 月在美国新闻学会媒体中心出版的 We Media(自媒体)研究报告中提出的解释最为准确与经典,即“普通大众经由数字科技强化与全球知识体系相连之后,一种开始理解普通大众如何提供与分享他们本身的事实、他们本身的新闻的传播途径”。

简而言之,随着数字科技的进步,尤其是进入互联网时代以来,信息传播的门槛大大降低,传统新闻产业界的话语权逐渐被瓦解,信息传播的自由得到了最大限度的释放,个人可以借助博客、微博、论坛与微信等网络传播媒介,像传统媒体一样生成传播内容,发布个人的见闻与独立的见解。相较于传统媒体,自媒体具有去中心化、去组织化的特征(如图 3-1 所示)。

---

1 艾媒咨询集团(iiMedia Research Group)创办于 2007 年,是全球首家移动互联网第三方数据挖掘与整合营销机构,目前正在服务的客户包括各级政府、运营商、互联网企业及投资机构等超过 300 家,在移动产业转型、投融资顾问、整合营销传播及数据监测等领域开展服务。

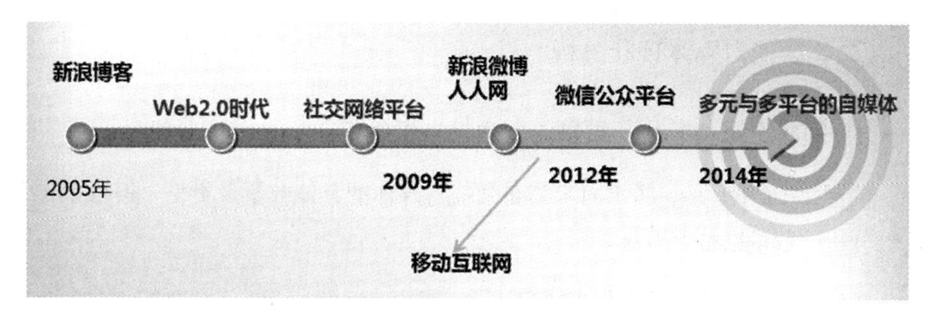

图 3-1　中国自媒体发展回顾

图片来源：iiMedia Research（艾媒咨询）自制

中国自媒体的发展经历了 3 个阶段：以新浪博客为代表的 Web 2.0 时代；以新浪微博和人人网为代表的社交网络与 SNS 平台时代；以微信公众平台为代表的移动端平台时代。

新浪博客催生了中国第一批自媒体，一大批博客作者因此走红。鼎盛时期，在中国共有上亿个博客被开通，但此热潮至 2008 年逐渐降温。博客的最大弊端在于其没有稳定的盈利模式。2012 年，中国最大的博客网站 Blog.cn 宣布停止免费博客服务。2009 年，以 Facebook 与 Twitter 为代表的社交网络平台在全球盛行。在中国，新浪微博、开心网和校内网兴起，短时间内便聚集了大量人气。

新浪微博的"转发"与"评论"功能大大增强了平台的互动效应，使其具有较为开放的媒体属性与社交功能，在打造了一大批具有名人光环的"大 V"与"意见领袖"的同时，草根群体也获得了发展空间。另外，新浪微博成为国内网民讨论公共话题的主要阵地，一时间，其传播效应与覆盖面风头无两。但后期的新浪微博由于过度的商业营销、逐渐下降的新闻价值及其自身传播机制存在缺陷等各种因素，用户群体规模与活跃度逐渐萎缩。

自 2011 年以来，随着中国智能终端的普及，移动互联网的发展势头迅猛，用户的阅读和使用习惯开始朝着移动化、碎片化与个性化的方向发展。随着移动端平台数量的增加，自媒体亦开始逐渐转战移动端。

（二）微信自媒体现状分析

1. 题材选择多元化，推送内容难保一贯优质

截至2014年6月，腾讯尚未公布微信自媒体的具体数量及类型，但根据各方资料分析，数量已是百万级。

微信自媒体的第一波尝鲜者主要来自TMT领域的从业者。在微信公众平台开放初期，排名靠前的微信公众号也多与科技、电商或IT行业相关。

随后，大量自媒体人涌入微信平台，题材和内容也开始迅速多元化。生活类、时事新闻解读、时尚类、学习类、健康养生类、美食类、休闲笑话类与营销类等主题的微信自媒体开始大量出现——吃喝玩乐、创业休闲，无所不包。当前，微信自媒体推送内容的类型有以下几类。

- 文摘类：创办者选择、摘录或推荐其他媒体的内容，如“移动互联网”。
- 原创类：创办者原创内容，部分自媒体也会接受一些读者投稿，如程苓峰的“云科技”。
- 混合类：创办者在原创内容的基础上添加转载内容。
- 补充类：创办者在转载内容的基础上进行补充说明，以内容推送类型较为常见。

严格地说，原创内容才符合自媒体的推送标准，但持续提供原创、有价值的文章对于自媒体人，尤其是兼职的自媒体人而言，绝非易事，也难以保证一贯的推送品质。即使是已经有一定知名度的微信自媒体账号，在运营一段时间之后也会出现人员“松动”的迹象。例如，“移动观察”从最初的一个人变为两个人维护，且常因工作繁忙等因素无法持续更新。

2. 微信自媒体人多元化，个人色彩鲜明

微信自媒体的第一批进入者为“近水楼台”的TMT领域从业者。例如，原来在央视就职的罗振宇联合独立新媒创始人申音创办了“罗辑思维”；原腾讯网科技总监程苓峰创办了“云科技”；《21世纪经济报道》资深记者曾航凭借对移动互联

网的了解与研究，开设微信公众平台“移动观察”。目前，主流的微信自媒体人大多是各行各业的爱好者，他们喜欢观察，乐于分享，在吸引同行关注的同时，更多地去结识一些具有共同话题的爱好者，在财经、科技、美食、娱乐等多个领域都出现了具有一定知名度与粉丝规模的微信公众号。

传统媒体的标识在于其组织特色，而自媒体的兴起在于其拥有强烈、鲜明的个人色彩，能为用户提供原创的、有价值的推送内容，这要求自媒体人必须拥有一定的人生阅历、行业经验与见识，对人生、行业的发展或某一领域有一定的感悟和解读。当前较为成功的微信自媒体人主要可分为以下类型。

- 资深媒体人：深谙媒体运作规律，了解新媒体行业动态，见多识广，媒体人脉广泛，文笔功底深厚，语言表现力强。例如，“拇指阅读”的主办者左志坚曾为《21世纪经济报道》上海新闻中心总监，“滤镜菲林”的主办者陈鸣曾为《南方周末》著名记者。
- 行业资深人士：在某个行业或领域浸染多年，拥有丰富的行业经验与圈内人脉和资源，其见闻能准确反映行业最新的发展动态，深受同行业人士认可。自媒体为他们提供了与大众直接沟通的渠道。例如，“鬼脚七”的主办者文德曾担任淘宝网的搜索总监，凭借多年的行业经验，他所提供的购物搜索系列文章深受电商从业者的欢迎。
- 资深观察人士或玩家：作为第三方观察者，或某个领域的评论家、分析师，或某类产品的玩家，对新事物、新现象的敏锐度高，观察点具备一定的深度。

3. 微信生态相对封闭，多平台并驾齐驱

在传播机制上，微信相对封闭，一对一完成送达与互动环节，用户获知某个账号主要靠自行发现或口碑传播。微博拥有“广场”机制，但微信现存的生态圈并无推荐机制。相较于微博，微信自媒体获得认可与知名度需要更长的周期。相对成功的微信自媒体均在探索跨平台的畅通的合作方式，从而提升知名度，扩大影响力。对于相当多的自媒体而言，微信公众平台只是其传播渠道之一。

4．多种商业化尝试，盈利模式仍未明晰

自媒体持续发展的重要标准之一是衡量其能否实现自我盈利。“起源资源”的创始人雷中辉预计，“目前自媒体行业的整体规模肯定超过 10 亿元”。当前，微信自媒体实行读者免费阅读的模式，商业化模式尚处于尝试与摸索阶段。在现阶段，微信自媒体运营较为成功的盈利方式如下。

- 广告：借鉴传统媒体的运作方式，推送原创的优质内容以获得用户，凭借其知名度获得企业广告收入，典型的范例当属程苓峰的“云科技”。2013 年 1 月 28 日，程苓峰以“一天一万”的价格出售其微信自媒体广告位，短短 21 天内便收到 9 家企业 13 万元的广告费，广告主不乏唯品会、金山、搜狐等知名企业。
- 会员制：相当于自媒体会员俱乐部，凭借庞大的粉丝数量，尝试“会员电商”，探索“社群经济”之路。会员付费加入，自媒体为会员提供额外的服务。当前中国最火的自媒体之一“罗辑思维”便采用了此种盈利模式。2013 年 8 月 9 日，“罗辑思维”首推付费会员制。5000 个普通会员标价 200 元；500 个铁杠会员标价 1200 元。5500 个会员名额在淘宝网上半天售罄，入账 160 万元。成为会员后，用户便可获得一定的增值服务与会员权益。
- 二次开发：将自媒体发表的内容出版发行。例如，2013 年 7 月，微信自媒体“鬼脚七”整理其发布的内容，出版了《做自己——鬼脚七自媒体第一季》一书。
- 自媒体内容分发和广告投放：如在文章中插入图片广告，或通过加入链接引导用户点击。

5．微信自媒体逐渐进化，出现档次分化现象

当前，微信自媒体的运作虽不乏自媒体人单打独斗独自运营，但更多有实力的自媒体人开始尝试团队化运作，甚至组建公司。微信自媒体的运营已朝职业化、专业化方向发展，团队内部有明确的分工。相对而言，团队化、公司化的运营更能保证推送内容的质量，可以更高效地进行推广和传播，并进行有效的用户互动。微信自媒体的档次分化将逐渐显现。

相对于早期简单的图文推送，当前一些优秀的微信自媒体开始朝着复合型传播的方向发展，如视频、语音等传播方式逐渐被微信自媒体引入。“罗辑思维”在其他平台引入视频这一传播元素的效果最为成功。

6. 小结

2013 年是微信自媒体的成长期与大量入驻期，2014 年将进入成熟优化期，层次分化趋势日渐显著。当前，大部分进驻微信平台的订阅号尚处于用户积累阶段，其盈利模式仍需根据自身情况逐步摸索。

二. 微信自媒体传播及影响力分析

（一）微信自媒体传播的特点

1. 传播主体多样，传播内容精致

当前，微信自媒体人兼具多重角色，包括信息的生产者、加工者与传播者，传播内容涉及科技、生活、教育、财经等多个领域。由于微信公众平台的特点和限制，微信自媒体人呈现精英化趋势，生产内容的模式由 UGC（用户生产内容）向 PGC（专业生产内容）转变。

当前，微信自媒体主要利用 PGC 模式生产“干货”，传输态度和价值观，体现个性。尽管 PGC 模式内容更新速度慢，影响了自媒体的活跃度，但作为降低信息噪音的举措，可提高内容质量，以时间换取用户的信任。

2. 传播渠道私密化

微信公众平台一对一（对单人或单个圈子）的沟通方式，在一定程度上填补了微博一对多传播的沟通空白，使通过微信聊天、朋友圈等平台发布的互动内容更具私密性。微信作为移动终端应用，可有效保证用户的个人隐私，信息传播渠道也更加便捷、精准。

自媒体在微信公众平台的内容传播渠道上具有唯一确定性。相较于论坛、微

博，自媒体点对点的传播方式使要传播的信息都能准确地到达受众（关注者）处，这使自媒体在微信平台上的传输效率远远高于传统的大众媒体。

3. 传播路径——朋友圈传播，定向传播

微信建立朋友圈的方式多种多样。微信用户之间建立了一种基于强关系的传播链条，形成了以自我为中心的朋友圈。

由于朋友圈相对封闭，外来者要想共享圈内的信息，必须双向关注“圈”内好友。当信息不断转发时，就形成了以每个用户为节点、朋友之间相互叠套的多级传播网络。微信自媒体由此建构了一个点线结合的信息扩散场域。

微信平台的信息传播不再由专业的媒介机构掌控和主导，而是依靠朋友之间的熟人关系，借助口碑传播，让信息像病毒一样以点对点的方式在人际圈中迅速扩散。微信具有独特的草根性和亲和力，造就了其他媒介难以比拟的扩散优势和传播效能。

微信可实现定向传播，作为社会性、本地性、移动性的互联网媒体，具有关系定向和地理定向的特征。就关系定向而言，微信是一种半开放的社交媒体，只能通过强关系的互动和互加好友才能构成交流，进而形成了相对稳定和成熟的闭环私密交流空间。就地理定向而言，微信可以通过“附近的人”、“漂流瓶”等来拓展交际圈。

微信自媒体传播颠覆了传统的信息传播路径，使传统的单一中心、单向传播方式向多中心、网状裂变的传播方式转变。

（二）微信自媒体影响力分析

1. 网络人际传播环境，话语释放环境

微博、BBS、论坛等网络人际交往媒介正向移动终端转移，微信为用户随时随地参与网络人际传播提供服务，将手机通讯录背后的社会关系引入集信息、娱乐、交友于一体的网络空间，为微信自媒体创造了良好的人际传播环境。

微信良好的人际传播环境通过强关系充分维系以手机通讯录、QQ 好友等为代

表的熟人强关系人际社交圈，可以直接融合已经相对稳定的关系空间，在此基础上运用微信独有的实时交流和图、文、声、像并茂的信息交流形式进行人际关系的巩固，实现移动互联网强关系空间的构建。

微博将话语权归还大众，能够让个体利用群体内的共识，拥有前所未有的行为能力和资源调度能力，实现微力量的扩大和聚合，最终迅速促成群体性话题关注，瞬间形成广泛而强大的讨论热潮。

由于微信公众平台传播渠道的封闭性，使信息闭环流动。同时，微信自媒体当前呈现集中化和精英化的发展趋势，并没有完全去除互联网信息传播权、话语权的中心化状态。

综合比较，微博比微信更能产生强大的影响力。

2. 越互动，越传播，越价值

微信自媒体的影响力一般用粉丝数、订阅量和浏览量等指标衡量。这些指标不仅是数值，而且有可能转化为实实在在的收益。例如，演员陈坤在微信平台上约有 100 万粉丝，粉丝通过付费就能成为会员。会员根据付费的多寡获得不同的会员等级，享受不同的会员特权，如查看陈坤的私房照、让陈坤和你说早安晚安，还可以到会员讨论区中发帖、评论及回复，并有机会和陈坤互动等。若 10% 的陈坤粉丝付费购买会员服务，至少能收入 1680 万元。除会员费之外，陈坤还通过微信公众平台销售书籍、T 恤、纪念品等偶像衍生产品。

自媒体人罗振宇的“罗辑思维”是微信自媒体付费会员制的最初尝试。普通会员费为 200 元，铁杠会员为 1200 元，仅半天就卖出 5500 个会员资格，最终获得了 160 万元的会员费。但是，罗振宇除了发出会员编号之外，对于会员并没有额外的服务承诺，会员费可视为用户基于认同自愿付出的“赏金”。

因此，微信自媒体需要挖掘其自身的影响力价值，不能“雷声大，雨点小”，空有吆喝，没有买卖。首先，订阅号能够为封闭的微信公众平台带来关键流量，这是微信 O2O、微信电商等业务的重要流量基石。其次，微信订阅号的流量不同于外部流量，其直接在微信体系内循环，转化率和价值都非常高。

微信自媒体目前有两种主要的传播途径：第一，凭借读者对内容的认可，由读者转发到微信朋友圈，从而吸引新的读者订阅；第二，将用户内容散发到传统互联网渠道，附带自媒体账号信息，吸引读者订阅。

毫无疑问，当前微信自媒体的传播途径非常狭窄，导致其影响力价值无法充分显现，有沦为信息孤岛的危险。上述两种传播策略均指向微信自媒体发展的致命短板——缺乏互动性！微博、博客等都是基于人与人之间高频率的互动取得了成功——越互动，越传播，越价值。而微信自媒体生来缺乏高频率的互动，限制了其影响力价值的升华。

3. 小结

微信自媒体的传播形式并非完美（如传播渠道私密化，自媒体集中化和精英化等），其形成影响力的价值也没有被充分挖掘（如付费广告是对微信自媒体影响力价值最粗暴的利用）。应该如何挖掘？需要进一步探索。

三. 微信自媒体的运营及盈利模式

自媒体已成为微信公众号中不容忽视的一股力量。自媒体人，无论是资深媒体从业者尝试突破体制束缚，寻求职业转型；抑或是各行业的资深从业人员，借微信这一平台发表个人见解与观点；抑或是某一事物或领域的资深爱好者，分享个人心得或兴趣——都必须解决运营方式与盈利模式的问题。

（一）微信自媒体的运营方式

1. 小众化的内容经营，精细化的领域深耕

当前，用户获取信息的渠道众多。微信作为一款朋友之间私密交流的应用，其产品定位并不适用于推送大众新闻。用户对于微信订阅号推送内容的需求更具差异化、个性化与私密性。微信自媒体的订阅用户更应准确地定义为“对某一行业或领域有浓厚兴趣并有一定相关知识积累的人群”，对推送内容的专业性、趣味性与原创性的要求更高。

传统媒体组织可依靠专业的记者与编辑团队完成内容生产，但自媒体的推送内容与观点分享应与自媒体人自身行业经验的积累、圈内人脉的储备密切结合。以个人兴趣为起点，以个人知识结构和阅历为基础，必将导致微信自媒体推送内容的小众化、精细化。专注于某一个细分市场，并带有浓烈的个人色彩，甚至是自媒体人特有的精神追求和气质——不同的自媒体，内容定位、语言风格、行文气质各有千秋。

同样是陈鸣创办的新闻评论类微信自媒体，“咋整”偏爱“恶搞新闻”，娱乐化的新闻解读更能获得用户的认同；“滤镜菲林”却选择了“核心人物自述+文本的晦涩性”的小众化方式重新解读新闻事件，如在《如何快速减肥》一文中，艾未未借用“减肥经历”解释了自己一年多淡出公众视野的生活。

2. 个人兴趣式的单打独斗，团队式的协同运作

当前，微信自媒体的淘汰率极高，难点在于自媒体人是否有能力持续为订阅用户提供有价值的、有趣的推送内容，以保证创造内容的质量。

一项调查结果显示，微信自媒体账号的订阅用户浏览每篇文章的时间大致为1～3 分钟，但推送内容的整理和写作时间至少需要 1 小时。时间与精力、内容与创新点成为众多自媒体，人尤其是兼职自媒体人难以破解的难题。例如，“二爷鉴书”每次的写作时间大约在 3～5 小时，“一天一件艺术品”至少需要花费 1 小时实现微信和豆瓣内容的同步。

单打独斗式的自媒体人坚持下去的动力或因个人兴趣爱好，或因满足用户的订阅需求，持续运作的不确定性极高，文章质量也难以保证。现在，越来越多的自媒体人开始选择更具效率的团队协同运作模式。当前，微信自媒体团队化运作有以下几种模式。

- 1+N 模式：自媒体创办者仍为核心人物，主要负责选题策划、文章的把关和润色，或参与部分文章的创作，文章风格、基调仍由其把控。团队中的其他人或负责材料的搜集、整理、编辑，或负责后台运作、与用户互动等。此种模式当前最为普遍。例如，中山大学传播与设计学院副院长张志安创办的“一本政经”公众号主要分享政务传播、公共传播领域的知识与观点，面向包括学生、政府、企业等需要与媒体打交道的人群。目前，“一本政经”

的运营，主要由张志安带队的研究生负责材料的搜集与编辑，张志安负责每一期内容的主题及文稿的最终编定。

- 成熟的公司模式：部分自媒体人会更进一步成立公司团队，拥有固定办公地址与专职运作人员。例如，陈中创办的自媒体品牌“鞭牛士”，陈中作为团队核心，主要负责微信公众号的运营与每周三四篇主打文章的写作，团队中的其他人负责网站运营与垂直微信公众号的内容编辑。再如，“华尔街见闻”较早实现了企业化运作，目前团队拥有30名成员，内容和技术人才各占一半，负责微博和微信平台的账号运营。

- 松散的团队合作：此类并不是成熟的团队运作，而是自媒体人基于兴趣或追求，根据各自特长分工协作，兼职运营自媒体账号。例如，陈鸣最初独自运作“滤镜菲林”，后通过这一平台结识了一批志趣相投的人，进而发展为分工运作这一账号，包括与艺术家岳路平合作完成视频栏目“阅录评”，由插画师候涛设计“画策”这一栏目作为新闻事件的插图。

- 文章众包模式：内容提供者出现文思枯竭的情况或许是运营自媒体最大的痛处，为此，部分自媒体人开始接受读者投稿。“拇指阅读”的创办人左志坚，刚开始自己独立运营账号，每天需要花费3小时写作，但由于目前已获得不少读者或朋友的投稿，大大减轻了撰稿压力，目前只需要做1小时的整理工作即可。苏娟的“她生活”主打“轻熟女”的闺蜜生活，作为“微信第一女刊”，其运营方式较为独特。从微信公众平台零成本进入，到发展为社区，“她生活”40～50%的内容来自固定的签约专栏作者，20%是专题策划，其他内容由用户互动产生。但是，这种运营方式已不算严格意义上的自媒体，更偏向于内容的运营方。

3. 尝试多平台并驾齐驱，多种传播元素整合

微信公众平台当前虽有用户数量与流量的优势，但是对自媒体人而言，可以将其作为首要的传播渠道，但不是唯一的平台。事实上，跨平台的传播与经营是提升知名度、增加创收模式的有效方式。自博客时代开始，自媒体便不可能仅借助一个平台就获得持续的发展。

“三表龙门阵”的转折点是与搜狐开展合作之后，其推送形式得到创新——三

表继续负责话题的选择与文案的撰写，从搜狐 IT 请来的专业插画师结合文案配图，由三表添加语音评论。当前，“三表龙门阵”的视频节目通过搜狐视频播出，每周一期，微信公众号则继续推送文字内容。三表与罗振宇一样成为脱口秀媒体人，“三表龙门阵”也与“罗辑思维”的运营路径极为相似。罗振宇作为央视出身的主持人，负责文案与视频的制作，长期为优酷网定制节目，其微信订阅号采取了 60 秒语音加图文推送的形式。近期，罗振宇则继续与时俱进，不仅在微信平台，还在网易的易信平台、360 自媒体平台上开设“罗辑思维”账号。“一天一件艺术品”定位于艺术品介绍，行文风格清新、文艺，设置了雕塑、摄影、油画等多个板块，最初的主阵地为豆瓣，后转向微信公众平台与豆瓣同步更新。

事实上，微信公众平台的内容推送虽已突破了微博 140 字的限制，但超过 1000 字的文章仍然不适合在手机上阅读。语音、图片、视频、文字等多元的信息呈现方式，更能提升用户的阅读率。当前，自媒体虽然数量与规模可观，但真正优质的内容仍属于稀缺资源，真正做到具有个人特色、不可替代的自媒体并不多。

4. 用户互微社区互动，社群运营增强归属感

微信公众平台之强在于能够实现一对多的互动，熟人社交的强关系链加上私密联系工具能够实现精准的投放。尤其是微信公众平台上的“微社区”，类似于移动端的论坛或群组，可有效引发群内讨论，从而建立自媒体独有的读者圈子，形成一个社群组织。如此运营，可逐渐增强用户的归属感。

（二）微信自媒体的盈利模式分析

微信自媒体的火爆与一些知名自媒体人迅速获得盈利密切相关，不少盈利的个案吸引着大众的眼球。当前，不少风险投资人看好自媒体的发展潜力，引进风投资金、维持运营成为不少自媒体人的选择。程苓峰作为首个“吃螃蟹的人”，引来无数人的羡慕。如何盈利成为不少专业化运作的自媒体面对的核心问题。

当前微信自媒体较为成功的盈利方式包括广告投放、会员制经济、二次开发、内容出版等，这些都属于依靠微信自媒体本身的内容和渠道实现盈利。而会员制尝试社群经济之路，当前以“罗辑思维”运作得最为成功。

1. 广告模式

广告模式是指通过微信自媒体的内容与用户数量所产生的影响力获得一定的关注与流量，再将流量转化为广告收入。当前主要有两种广告插入形式：图片加链接，即将链接附在微信公众号文章的末尾，吸引用户点击关注；点击“阅读原文”进入广告主产品或页面。这与传统媒体的客户广告形式相比并无太大突破，相当于自媒体凭借自身账号价值获取流量。

程苓峰被业界誉为第一个出售广告的自媒体人，但其成功更多地体现为个人多年积累的“变现”和先发效应，并不具有绝对的可推广性与可复制性。程苓峰拥有多年的行业经验，其提供的内容多为行业“干货”，用户质量较高（多为 IT 业内人士），内容传播精准、高效。对于企业或广告商而言，仍会倾向于选择与其自身定位相似的自媒体平台。相对于传统媒体而言，自媒体的内容定位与受众群体有限，广告主的选择余地并不大。

引入企业主广告对自媒体人而言无异于走钢丝。自媒体人“行走江湖”依靠的是自身的信誉与影响力，广告能否削弱其内容的信誉度尚未得知，并且当前因微信生态的封闭性，对广告的投放效应缺乏有效的监测，大多数广告主对微信自媒体的广告投放仍持观望态度。

2. 加入自媒体联盟，“抱团”求生存

当前，自媒体人大都“单打独斗”，因此，加入联盟、“抱团”生存成为自媒体人获得一定收益的途径，不少自媒体联盟也颇被一些风险投资人看好。例如，“青龙老贼”组织的 WeMedia 在获得金种子创投基金 200 万元人民币的天使投资后，又于 2014 年 3 月获得了约 300 万美元的 A 轮融资。

2013 年，知名自媒体人“鬼脚七”联合圈内人士组建自媒体联盟，但仅成立两个月便因内部利益与价值观问题宣布解散。所以，尽管自媒体联盟表面风光，但还是需要解决某些核心问题才能继续发展下去。

首先，自媒体是一个去组织化的个人，自媒体人相对自由，联盟的组织状态则相对松散。而自媒体联盟当前的主要收益为广告收入，因此，必须构建具有一定组织体系的结构，一致对外，统一议价，这在一定程度上与自媒体人的心态有

所不同，自媒体人是否愿意“卖身”有待商榷。其次，自媒体联盟都会拉拢部分具有相当知名度的自媒体人加入，这部分自媒体人不缺乏曝光率与生财之道，自媒体联盟的资源开放是否会损伤知名自媒体人的利益尚未可知。

深而论之，如果成立联盟的目的仅仅是让自媒体人承接广告和软文业务，以贩卖个人品牌和账号价值为生，事实上则降低了自媒体人的档次与级别（像靠流量、接“垃圾”广告的小网站一样），这也失去了联盟的价值。

事实上，对一些具有较高知名度的自媒体人而言，其创收方式是多种多样的——入职公司做媒介、营销顾问，做演讲，出版书籍，成为签约作者。其关键在于能否借助独创内容形成一定的影响力，打造个人品牌。

起源资本的创始人雷中辉认为，自媒体的商业模式有三大可行方向：一是获取流量，赢得账号价值；二是考虑在自媒体中做专属产品，增加收入；而最关键的第三个考虑，则是线上与线下密切融合，实现O2O的商业模式。

四．微信自媒体案例解析

2013年8月，腾讯推出微信公众平台，订阅号对个人、企业和媒体开放。由于用户在微信上花费时间最多，加上微信“订阅+Push”的形式精准直达用户阅读的“最后一公里”，使微信继微博之后成为最能直接到达用户的移动互联网平台之一，为媒体传播提供了一个不可多得的机会，大量自媒体人开始进驻这一平台。当前，微信自媒体的火热中充满了变数与不确定性，对典型微信自媒体的案例分析会增进对微信自媒体的认识与了解。

（一）绕不开的“罗辑思维”

2012年12月，罗振宇、独立新媒创始人申音与资深互联网人吴声合作打造了知识型脱口秀“罗辑思维”，运营一年多后被誉为当前中国“最火的自媒体之一”。截至2014年4月，“罗辑思维”视频在优酷上的总播放量已达7050万，微信公众订阅数达 110 万。凭借庞大的粉丝规模，“罗辑思维”率先尝试互联网收费模式，通过两次会员招募，3万多名会员为其贡献了近千万元的收入。

“罗辑思维”的成功不仅是媒体现象，而已经升级为商业现象，其盈利模式在于自身的内容与渠道。经过一年多的运营，“罗辑思维”已进入稳定运作期，凭借庞大的会员群体打造互联网知识型社区，以此试水“社群经济”或为“罗辑思维”的下一步探索。

1. 暗合用户自我认可，打造“魅力人格体”

慢节奏的读书与快节奏的现实生活相结合的读书类节目已有相当的受众，如高晓松的《晓说》、梁文道的《开卷八分钟》及相关纪录片等。“罗辑思维”的成功也在于打造了其独有的“魅力人格体”，而不仅仅是一个“内容产品”，并暗合了部分网民群体对自我价值认可的需要。在互联网时代，“情感价值”是超过“功能价值”的。

罗振宇，职业媒体人出身，曾供职于央视，具有良好的镜头感和语言表达能力。“罗辑思维”的传播以音/视频为主，文字为辅。视频可直观展现“音容笑貌、举手投足”；语音较文字能传达更多的个人信息，说话风格大胆、直率、风趣。在话题的选择上，“罗辑思维”则异于自媒体所局限的科技、IT类选题，选题较为广泛，涉及历史、人文、情感、社会、生活等，没有固定范式。凭借自身的阅历与丰富的知识积累，罗振宇通过“罗辑思维”分享个人读书所得，启发粉丝独立思考，在互联网上独具一格。

总之，罗振宇将人格魅力注入“罗辑思维”，全方面展现了一个有种、有趣、有料的“知识人”的形象，进而打造出“魅力人格体”。罗振宇深谙互联网运作之道，又有当前绝大多数互联网人所没有的知识广度、阅历及人脉资源。

2. 开创会员收费模式，尝试社群经济

“罗辑思维”明码实价招募会员，算是自媒体界的首例。罗振宇的会员招募不仅是通过用户“打赏”获得盈利，而是尝试社群经济或为下一步进行探索。

通过招募会员寻找志趣相投者，进而识别并建立起具有一定归属感的知识社群。借用罗振宇的说法，这群人对知识性产品有发自内心的热爱。会员制是基于彼此信任——会员有行动的意愿，且能付诸行动。与单纯的“粉丝经济”不同，“罗辑思维”尝试将会员黏合在一起——或跨界协作完成项目，从而共同获利；或由会

员集思广益，相互咨询、提供帮助；或为会员创造一定的活动方式。

当前，作为对会员的回馈，“罗辑思维”一直为会员组织线上征婚和线下相亲活动。“罗辑思维”社群经济更重要的方向是商家以产品的形式赞助给“罗辑思维”的会员免费使用，既给了会员一定的福利，又借用社会化媒体的传播、扩散制造了广告推广和口碑效应，其中最为典型的是近期运作的“霸王餐”活动。

“霸王餐”活动征集了全国 88 个城市的 272 家餐馆，提供了近 12000 个“霸王餐”席位。活动的开展与征集充分发挥了社群的作用：会员参与“霸王餐”活动是对会员的回馈，而餐馆、微信、易到用车等在为会员提供服务的同时，也相应提升了知名度。

“罗辑思维”站在高处，向用户灌输知识和价值观，一方面能高效引领用户，另一方面必须面临与用户互动不足的问题。随着竞争的加剧和用户要求的提高，“罗辑思维”正面临被抛弃的可能性。因此，“罗辑思维”引入社群经济，不仅丰富了产品内容和价值，而且为其商业化找到了出路。

显然，线下活动的运营成了“罗辑思维”提供增值服务、继续扩大用户规模并挽留现有用户的重要手段。但是，一旦涉及线下活动，线上存在的规模优势和低成本或将不复存在。如何有效管理线下活动，让成员形成自组织，自我管理、自我运营成了首要问题。例如，在“霸王餐”活动中，“罗辑思维”无法在参与者与商家互动和参与者之间的互动上发挥作用，部分参与的会员由于种种原因没有得到非常好的体验。因此，“罗辑思维”在接下来的社区建设方面还需要进一步加强，组织活动的经验也需要逐步积累。

（二）她生活——微信第一女刊

2013 年 4 月，错过微博营销的资深媒体人苏娟开始了“她生活”自媒体的创业之路。以“微信第一女刊”和“新锐自媒体”著称的“她生活”，是一个拥有数万微信订阅用户、600 多万 Viva 畅读阅读量、覆盖近 200 万粉丝的自媒体联盟。

1. 价值输出，人生指引

基于媒体人的敏锐观察力和错失微博机会的深刻教训，苏娟将“她生活”的想法付诸实践。“她生活”以众包的概念和编辑运营的思路，加上统一的价值观统筹，面对20~28岁的年轻女性，向她们输出价值观，进行人生指引。

“她生活”包括“人生故事”、“美容养生”和“吃喝玩乐”等栏目，旨在以专业人士的经验指引和影响受众。“她生活”将内容发现和创作交给专业人士，如甜品店老板、资深美容达人等，自身只负责内容的运营和编辑，即在专业人员和广大受众之间起穿针引线的作用。“她生活”的受众主要是年轻女性，缺乏生活和工作经验，对感情、生活、美容、教育、交流等有强烈需求，且女性更适合“扎堆”，需要意见领袖。对内容原创者而言，他们也有被人肯定、被追随的需要，而且对于特定的专业人士，如资深店主等，他们发表意见、追求影响力的需求更加急迫。

除了专业人士和写手，“她生活”还强调社区功能。例如，可以通过“找她蜜”功能寻找朋友，通过社区交流满足女性八卦、情感等方面的需求。同时，社区讨论的结果又能当作解决方案补充原创内容。

不管内容来自哪里，“她生活”都努力向用户传递这样的价值观：“她生活”是“她蜜”（“她生活”用户）一生中最有价值的闺蜜。

2. 达人引领，精准营销

从市场定位和内容来看，“她生活”比“罗辑思维”更加贴近用户，而且对用户的影响也更加深入、全面。更值得期待的是，由于“她生活”群体和内容的特殊性，其商业模式也更加丰富。例如，“她生活”用户讨论的美容养生和吃喝玩乐话题，一方面可以看作信息流，另一方面就是用户流。

“专业人士+受众”的模式，讨论的内容天然接近商品，所以，“她生活”由“达人”引领的消费模式就是题中之义。这些“达人”经常在社区中与用户互动，双方之间建立了良好的信任关系，而且“达人”们的每一次“传道授业解惑”几乎都是一次精准的推销，这可以从用户对于“每日一推荐”的高接受度看出来。除了线上推荐，“她生活”推动的各种小组和团体线下活动不仅是社区内部的一次情感聚集，更是将情感变现的重要手段。

但是，这样做可能导致的一个问题是对内容的把控不够。一旦“她生活”充斥各种质量低劣的信息，就将极大损害用户的体验和感情，最终导致失败。现在，

“她生活”处于发展初期，这类问题还没有真正显现出来。当用户数量达到一定程度并产生一定影响力的时候，能否控制好内容和信息将成为“她生活”的罩门。

除了上述商业模式，运营写手、出版书籍、制作视频等也在“她生活”考虑的范围之内。“她生活”是否能像“罗辑思维”一样提供增值服务？这也许是值得“她生活”认真思考的问题。目前，“她生活”正在建立女性自媒体联盟，“她生活”负责寻找广告主，自媒体负责提供有价值的垂直内容。

第四章

微信自媒体发展趋势

艾媒咨询集团

2012 年 8 月，当腾讯推出微信公众平台时，且不说近水楼台的 TMT 领域的从业者首先尝鲜，大量的自媒体人也开始转战这一平台，试图获得新的突破。

近年来，国内的互联网巨头紧盯自媒体领域，纷纷推出各自的自媒体平台，通过一系列的扶持政策拉拢知名的自媒体人入驻，微信自媒体的行业发展生态已明显改变——从自媒体人的心头所热变为传播渠道之一，从必需品或沦为点缀品。如果说 2013 年是微信自媒体的快速成长期与大量入驻期，那么 2014 年将进入淘汰、优化期，发展更加理性。

一. 互联网巨头发力自媒体，多平台运作或成趋势

当前，国内各大互联网巨头，包括奇虎 360、百度、新浪、搜狐与网易，都已着力布局自媒体。

2014 年 5 月，新浪微博出“自媒体成长计划”，尝试内容营销，提供商品售卖、广告分成与话题合成等方式推进商业化。“百度百家”与 360 自媒体联盟引入广告分成模式，根据流量为入驻作家提供广告分成。网易云则推出自媒体文章“捧场”功能，支持用户“赠送”阅点（阅读币）、点赞，成为对自媒体人盈利模式的新探索。搜狐着力于建设搜狐客户端，自媒体人可以从中获得稿费、广告分成等多项收入。

百度自媒体平台“百度百家”凭借其流量优势，宣称所有的自媒体人都可以成为百度的广告分发平台，作者可以通过百家页面的广告位点击量获取收益分成。百度的做法无异于“用流量换内容”。国内互联网巨头布局自媒体，其本质是对媒体资源的抢夺。

自媒体在微信公众平台上的主要困境在于没有相应的推荐和索引，转发途径也仅限于微信朋友圈与腾讯微博，传播范围有限，无法实现零散的阅读结构化。

微信公众平台精准的用户达到率、庞大的用户群体、已有的强关系社交图谱、良性的点对点互动机制是当前其他平台暂时无法取代的优势。但可以预见的是，随着其他平台在推荐、评选等生态链上的逐渐完善，并通过广告分成、作者签约等方式给予自媒体人一定的盈利机会，自媒体人将有更多的可选平台。目前，“三表龙门阵”、“罗辑思维”、“拇指阅读”等知名的微信自媒体已与包括搜狐在内的平台展开合作，并取得了一定的成效。微信公众平台或将成为其传播渠道之一，跨平台运作将成为趋势。微信公众号仅仅是自媒体的一个载体，一个真正的自媒体人，必定拥有多个发声路径——包括微博、微信、博客等，甚至是传统媒体，如广播与电视等。任何传播路径都会起到反哺效应。

二．小众化精耕细作，引入生活服务

针对微信自媒体盈利难的现状，部分自媒体人建议将微信支付账号开放给微信公众号，进而实现小额付费服务，帮助自媒体人获得一定的盈利。此类模式仍属于借助自媒体内容的盈利方式。

当前，微信公众平台上排行较靠前的自媒体账号多为科技类和媒体类，其他细分垂直题材类的自媒体，或未广泛进入公众视野，或用户数量较少，口碑尚停留在其用户群体中。微社区平台悄然引进微信公众号，或将引发用户的群体内容，形成更具黏性的社区。

生活服务类、汽车类、女性母婴类等题材的自媒体，借此平台形成一定的用户规模后，引入线下生活服务，成为微信自媒体的另类生存盈利方式。苏娟创设的“她生活”被誉为“微信第一女刊”，其尝试方向值得观察。

事实上，优秀的自媒体需要具备“垂直”属性，在专业性提升的基础上也更容易实现商业化。当前，微信自媒体的内容虽然多元化，但集中于IT、媒体领域。从WeMedia联盟的200多家自媒体的情况看，目前侧重于互联网领域的自媒体账号占据三分之一，其他账号则涉及生活、美食、时尚与金融等领域。

三．微信自媒体走向精英化

微信公众平台对自媒体而言是否是最为理想的平台？这个问题已引起相关行业人士的广泛讨论。微信平台生态的限制与腾讯的新规将使微信自媒体注定走向精英化。

微信订阅号所推送的信息有限，移动端设备导致用户不习惯阅读过长的推送文章。而且，在当前微信公众平台淘汰率较高的情况下，用户必然精选微信自媒体号。精英化不仅是指微信推送内容的优质，还包括必须贴合用户的阅读需求。兼职运营微信订阅号的自媒体人，倘若没有持续盈利或没有足够的时间和精力，自媒体的运营可能半途而废。鉴于当前用户已对微信推送的内容有一定的负担，相当多的自媒体号已成为“友情号”或摆设，点击量和阅读率并不高。最终能获得微信用户认可的必然是能为用户持续提供有价值和原创内容的自媒体。从长远看，能实现上述目标的自媒体，其运营前期需要大量的知识储备与合理的团队分工。

四．微信自媒体联盟的兴起与行业公司的加入

当前，国内自媒体行业初具规模或影响力的自媒体联盟主要包括以下几个。

- WeMedia自媒体联盟：由“青龙老贼”朱晓鸣创立，成员包括资深媒体人、投资人、移动互联网研究者、创业者等，以互联网科技领域见长。
- 犀牛财经联盟：定位为“微信财经第一自媒体联盟”，由嘹望全媒体公司投

资组建，目前已投入 2000 万元的整合营销费用，覆盖投资、管理、科技、能源与生活等领域。

- 亲子生活自媒体联盟：由母婴网站亲贝网发起成立，联合十几个母婴类微信公众号，覆盖 50 万订阅用户。
- 牛微联盟：由情感心理导师周群超发起成立，包括“糗事百科”、“情感心理学”、“冷笑话精选”等微博账号。
- Social Auto 汽车行业自媒体联盟：由资深汽车媒体人马麟发起，联盟成员包含 10 多位汽车自媒体人和机构，涵盖汽车的资讯、营销、数据挖掘和市场调研等细分领域。
- 地产自媒联盟：由克而瑞信息集团品牌总监黄章林发起成立，成员包含 13 个地产行业微信公众号。

自媒体联盟既有综合类的、由自媒体人发起联合的类型，也有细分题材领域的、由行业公司组织联合的类型，其主要收入或来自广告分成，或内容的策划与传播，或线下活动费用。值得注意的是，一些行业公司开始步入自媒体领域，如亲子生活、汽车与地产行业，自媒体的价值已开始为行业公司所看好。其他垂直领域的自媒体联盟或将陆续出现，如旅游、美食、时尚等。

当前大部分企业会更多地从公关的角度与自媒体人接触，对自媒体真正的营销价值仍持一定的观望态度。或许，不同类型的企业与自媒体人展开合作，对整个自媒体领域是一个利好消息。但是，如何突破传统媒体的做法，创造出共赢的全新合作模式，还需要自媒体人付出更多的努力。

五．结语

微信是一款相对封闭的社交产品。微信自媒体未来的发展趋势最终仍取决于微信整体生态圈的变动趋势——是否将着力解决微信自媒体缺乏推荐/优选机制，从而使进驻微信公众平台的自媒体，尤其是相对小众的自媒体获得更多的曝光度。毕竟，对于越来越多的自媒体人，微信公众平台已不再是唯一选择。

第五章
微信自媒体传播及影响力分析

吴小明[1]

相对于其他平台，微信自媒体的传播是精准传播，有多少人关注，博主的内容每天就能推送给多少人，除了微信系统出现问题的情况，内容送达人数很少会出现偏差。当然，送达人数不代表文章的打开数，原文阅读量与微信本身、公众号的内容特点及自媒体人的运营力度有非常直接的关系。而文章的影响力，则建立在传播方式、打开率和自媒体人的公信力基础之上。

一．微信自媒体的传播方式

（一）一对多传播

公众号本身的特性就是一对多传播，即公众号对关注者进行群发或者一对一的内容推送。订阅号每天可以推送 1 条多图文内容（早期的订阅号每天可以推送 3 条），服务号每个月可以推送 4 条多图文内容。这种一对多的群发推送功能，源于传统媒体的发行运营模式——读者订阅杂志，杂志社为订阅者统一邮寄。与传统媒体不同的是，微信自媒体是拆解了整本杂志，把推送时间缩短到以天为单位，大大提高了时效性。同时，微信自媒体可以随时监测粉丝对文章的反馈，让自媒体人能迅速调整选题方向。

---

1 吴小明，博雅天下文化发展有限公司整合营销总监。

（二）朋友圈传播

这种传播方式是QQ空间、QQ签名和微博的组合变种，是一种特别适合小圈子传播的形式。微信自媒体人的文章如果被读者深度认可，读者会情不自禁地将其分享到朋友圈，从而产生二级传播，粉丝的朋友再在自己的朋友圈里分享，以此类推，形成多层级的传播。影响朋友圈传播结果的主要是文章内容本身的质量和标题，同时还有粉丝基数，粉丝越多，层级传播的效果越好。还有一种玩法，就是微信自媒体人本人微信好友很多，其朋友圈会像微博一样，产生微传播影响力，但因为公众号折叠使打开率下降，而刷朋友圈的人数量没有下降，所以，如果微信自媒体人个人微信好友很多，在通过公众号推送内容之后，顺便将文章分享到个人的朋友圈，效果比不分享好得多。

（三）微信群传播

微信群源于QQ群。普通微信群只能容纳40人。升级后可以容纳100人，如果使用微信沃卡，可以容纳 150 人，当然，也不排除早期圈内人士从微信团队内部拿到的300人甚至500人的大群权限。微信群是一个个便于推广自己内容的小圈子，其作用取决于微信自媒体人在群里的地位和声望，同时与微信内容的质量有直接的关系——毕竟是圈子传播，口碑很重要。

这种传播方式衍生出一批草根创业者对微信群的运营。不少微营销人加入数十个甚至数百个微信群，将其作为自己推广内容的阵地。目前，凡是有运营意识的微信自媒体人，都会建立一些核心粉丝群，一方面是为了和粉丝面对面交流，另一方面是便于公众号内容的多次传播。

（四）外围传播

微信自媒体人为了让自己的文章获得最大限度的传播，除了基于微信本身的传播之外，还在其他外围平台进行传播。例如，利用原有的博客、微博、QQ空间、新闻客户端等平台进行传播，同时附上微信公众号的二维码，以便在传播的过程中让用户方便地关注。微信公众号后台绑定了腾讯微博的功能，而一些新闻客户端或者平台也提供了抓取信息的功能，所以，大部分微信自媒体人的文章会被推送到外围平台进行传播。

（五）线下传播

微信公众号的服务功能大于媒体功能，所以，对服务行业来说，线下传播是一个重要的方式。例如，酒店类微信可以通过各种优惠活动吸引曾经入住的客人关注该酒店的公众号，以便提供更好的服务。银行、交通、餐饮、金融等服务企业也大都采取这种线下传播、线上协作的形式。而对个人的自媒体，线下也是一种形式。很多人会利用饭局、发布会、分享会的机会在线下推广自己的公众号，虽然效果一般，但有利于吸引忠实的粉丝。

二．影响文章打开率的几个因素

（一）微信产品本身的升级迭代

微信公众号作为微信系统的一个媒体性功能，其产品的更新迭代对自媒体内容的传播产生了重要影响，主要体现在微信 5.0 的发布。据万擎咨询 CEO 鲁振旺的调查：微信 5.0 发布前，公众号每天累计 UV 2000 左右，打开率约为 25%；微信 5.0 发布之后，UV 降为 1000 左右，打开率不足 15%。打开率与网友对微信产品的新鲜度也有极大的关系，微信 5.0 发布后，打开率还能保持 15%，而随着时间的推移，目前微信公众号的打开率在 8% 左右，而这个数字还在不断下降。

（二）内容的特性与质量的持续性

据速途网的一项调查显示：关注微信公众平台账号的目的，主要分为优惠信息、热点话题、娱乐、社交、其他五大类。其中，持“获取优惠或度假信息”目的的用户居多，占比 34.3%；其次是对热点话题和事件比较关注的用户，占比 26.3%；因无聊或压力大，以及因娱乐、打发时间为目的进行关注的用户占比也较多；联系朋友、人际交流的用户占比 14.4%。同时，内容高质量的持续性，也是影响打开率的重要因素，这对微信自媒体人来说是一个重要的考验。例如，在选题上、标题上、创意上，每天都得有一套新的玩法或者高质量的产出，才能引起粉丝的持续关注和分享。

（三）人为推广传播的力度

内容再好，也需要推广。特别是那些微信自媒体人自己非常满意的作品，在进行公众号推送之后，自媒体人会习惯性地把该文章分享到朋友圈或者微信群，同时分享到其他平台。对特别重要的文章，还会通过自己的渠道进行 BD 推广。好的文章加上大力度的人为推广，有时会让文章的打开率有一个质的飞跃。

三. 微信自媒体的影响力如何构成

（一）自媒体人本身的公信力

自媒体归根到底还是要回归到人或者一个群体。大多数微信自媒体并没有太多的粉丝，但其影响力却举足轻重，原因在于，这些微信自媒体人是公共知识分子或者行业意见领袖，其观点能够对某时间或者某行业产生重大的影响。所以，一个公众号影响力的高低，首先得看这个公众号背后的自媒体人的分量。现在，很多新闻发布会等活动，都会邀请重量级的微信自媒体人出席，由于他们的站台，发布会本身的影响力和公信力将得到很大的提高。

（二）不断累加的粉丝数和粉丝群体

在微博自媒体时代有一种说法："你的粉丝超过一百，你就是本内刊；超过一千，你就是个布告栏；超过一万，你就是本杂志；超过十万，你就是一份都市报；超过一百万，你就是一份全国性报纸；超过一千万，你就是电视台；超过一亿，你就是 CCTV 了。"这种说法在微信自媒体时代也同样适用。而且，因为微信是精准推送的，所以效果会比微博好得多。

当然，上面这种说法是针对影响人群的广度。由于微信自媒体具有去中心化的特性，其影响力往往基于在一个小圈子里的影响力，所以，粉丝群体也是影响力的重要因素。对 IT 自媒体人而言，他对某公司推出的新产品的评论，对于那些永远不会使用或者不关注此类产品的人而言，是不会产生影响力的，他的影响力主要集中在 IT 圈和那些需要使用该产品的用户之中。从这个角度来看，粉丝的精准群体也是产生影响力的一个重要因素。微信自媒体是一个产品，其影响力与其拥有的精准用户数有着密不可分的关系。

（三）单篇文章的新闻价值和传播度

微信自媒体的影响力也来自它的媒体性。作为媒体的一种形式，微信的媒体产生的内容自然有新闻价值。当一篇极具新闻价值的文章通过微信公众号传播，引起同行或者传统网媒、纸媒的关注之后，微信的媒体影响力便跳出微信，产生了社会影响。著名的公众号自媒体“咋整”曾经在骆家辉辞职当天推送过一篇调侃性文章，结果在微信平台被阅读了 40 多万次，在微博平台被转发了 6000 多次，同时被其他网站引用，最后还被《纽约时报》中文网全文引用，一时成为热点话题，推动了中国社会对环境问题的关注。

第三部分

政务篇

徐晓蕾、罗雪圆[1]

1 徐晓蕾、罗雪圆，中山大学传播与设计学院2013级硕士研究生。

第六章

政务微信发展概述

一．政务微信的兴起与现状

（一）政务微信的发展历程

如果说 2010 年是“微博元年”，2011 年是“政务微博元年”，那么 2013 年就是“政务微信元年”。微信自 2011 年推出以来，便以实时对话、跨平台沟通、灵活智能等特点赢得了大量用户，短短 3 年内用户突破 6 亿，每日活跃用户达 1 亿。以微信为代表的移动新社交媒介，正对我国社会舆论格局产生新的效应，舆情作用力日趋彰显。

2013 年，越来越多的党政机关、社会组织、主流媒体和意见领袖在微信平台开通公众号，无数个圈子化的由部落联网合成的微信舆论场正成雏形。2013 年初，《人民日报》文章《2013 新媒体猜想》提出的“8 个猜想”之一就是对“微信政务信息发布新平台”的分析，文章认为，“微信推动了政务信息发布渠道的多样化。在可预见的新的一年中，微信也将成为政务信息发布的重要平台”。

据人民网舆情监测室监测，最早开通微信的政府部门是广州市白云区政府应急管理办公室。2012 年 8 月 30 日，“广州应急-白云”微信公众平台首次亮相，第二天便大派用场——发布河源震情，打造了广州政务微信首个成功运营的案例。

公安机关曾是政务微博的“吃螃蟹者”，在政务微信上也没有落后。广东省肇庆市公安局继推出全国公安机关首个政务微博“平安肇庆”后，2012 年 9 月又在全国率先推出了公安政务微信“平安肇庆”。随后，广州、淮安、厦门等多地的警方都推出了公安政务微信，公安系统的政务微信成为密切警民关系的新“法宝”。2013 年 3 月 11 日，北京市公安局正式开通“平安北京”微信公众号，成为首个通过腾讯微信认证的省级公安机关官方微信。

在政务微信的大潮中，一批政府部门和机构也纷纷开通自己的官方微信。例如，佛山市南海区团委、中山市团委、山东省旅游局等进行政务微信试点，使网民可以利用微信在线求助、咨询、投诉等；“南海共青团”更是提出“率先以‘微博+微信’为双核强化团务信息化，探索睿智团务新模式”的口号。

在了解和把握微博、微信各自传播特性的基础上，大多数开通政务微信的政府部门也拥有官方微博，实现“双微合璧”，优势互补，提高了政府服务社会的执政水平。以“芦山地震救助”微信公众号为例，因为地震导致当地通信中断，所以微信就成为信息传递的主要媒介。许多用户通过手机将自己的地理位置、救助内容、现场照片等发给“芦山地震救助”官方微信平台。然后，腾讯通过“芦山地震救助”的官方微博将求助信息对外发布。微信与微博平台之间的信息互通，使得政务微信成为灾区内外沟通的重要纽带。有专家指出：“在通信资源稀缺的情况下，充分发挥微信的点对点信息到达、LBS 手机定位、语音传送、查看附近的人等功能，形成了地震救援各环节中的重要拉力。”

2013 年 12 月 27 日，“微信·新政”首届中国广东政务微信论坛召开。作为移动互联网名人数量最多和政务微信数量全国第三的广东省，举办全国首个政务微信论坛，探讨政务微信的运营策略和发展前景，对这一新兴平台的发展无疑是一种推动。随着越来越多的政府部门和机构顺应时代潮流，入驻微信平台，政务微信正逐渐成为网络问政的新平台。

（二）政务微信的发展现状

1．2013 年度全国范围内政务微信数量快速增长

自 2011 年 1 月 21 日上线以来，微信的用户数量快速增长，目前已突破 6 亿，活跃用户数超过 2.7 亿。其中，微信公众号保持着高速增长。作为微信公众号生态

圈的重要组成部分，政务微信的数量在2013年快速增长，影响力日益提升，其独特的功能也日益受到各级政府部门的高度重视。

据中国传媒大学媒介与公共事务研究院不完全统计，截至2014年5月，全国政务微信账号数量已突破6000个，仅2014年一季度的增量就达到了2013年全年的增量。依照行政区划分布，浙江、江苏、山东、福建、新疆五省区分列全国前5位，覆盖了公、检、法、共青团、旅游、教育、文化、税务、政府新闻办、纪检监察、劳动保障、公共卫生等20多个行业，整体活跃率在20%左右。其中，公安机关的政务微信已超1000个，约占政务微信总数的1/3。

政务微信在政府信息公开、在线政务服务、政府与公众互动沟通等方面的作用日益凸显，一些具有影响力的微信公众号不断涌现。政务微信正与政务微博一起发挥协同效应，逐渐实现“动动手指滑滑屏”就可以完成的“指尖上的政民对话”。

2. 中央和地方政府对政务微信的重视程度不断提升

2013年，国务院办公厅下发了《关于进一步加强政府信息公开回应社会关切提升政府公信力的意见》，明确指出：“着力建设基于新媒体的政务信息发布和与公众互动交流的新渠道。各地区、各部门应积极探索利用政务微博、微信等新媒体及时发布各类权威政务信息，尤其是涉及公众重大关切的公共事件和政策法规方面的信息，并充分利用新媒体的互动功能，以及时、便捷的方式与公众进行互动交流。”可见，政务微信已成为与政府新闻发言人制度、政府网站并列的第三种政务公开途径。在新近召开的第十二届（2013年）中国政府网站绩效评估结果发布会暨电子政务高峰论坛上，政务微信的开通和使用情况被纳入中国政府网站绩效评估指标体系。

3. 政务微信规模不断壮大，服务特色不断凸显

以广东省为例，主要表现在3个方面。一是规模领先，清华大学“政务微信观察”公布的数据显示，截至2013年12月20日，全国政务微信逾3500个，依照行政区划分布，浙江、江苏、广东三省区分列全国前3位；二是覆盖面广，不仅涉及公安、法院、纪委、共青团、政府新闻办等多个行业，而且已在广州、深圳、珠海、清远、佛山、东莞、肇庆、江门等20多个城市逐渐铺开；三是高效务

实，“广东共青团”、“平安肇庆”、“广州公安”、“清远发布”等一大批富有特色的政务微信，正成为各自领域里为公众提供移动政务信息和服务的高效平台。

4．政务微信独特的社会功能具有广阔的发展前景

政务微信具有私密性更强、点对点传播更为高效精准、综合运用全媒体手段等优势，未来具有更为广阔的应用前景。一是体现在微信公众平台的关键字回复功能让网络问政“秒回”成为可能，只要在后台数据库做好相应设置，政务微信便能根据用户提问的关键字自动回复。二是体现在提高行政效率、提供便民服务上，微信支付、挂号预约、缴纳费用等都具有广阔的应用前景。

二．政务微信的特点

第一，政务微信互动性强，可自动回复和人工回复。

第二，政务微信点对点传播，可实现信息传播的精准性。

第三，政务微信发送频率有限，可实现个性化的深度沟通。

第四，政务微信保密性强，对话具有隐蔽性。

如果把政务微信与政务微博进行比较，双方的特点如表 6-1 所示。

表 6-1　政务微信与政务微博的特点

类　别	政务微博	政务微信
平台属性	社会化资讯网络	圈子关系网络
	大公共媒介+小社交	强社交+有限公共媒介
内容形式	140 字、图文、视频等	语音、图文、视频等
参与方式	大量陌生人参与；个体形态参与，个体协同促进热点，“个体合围式”	熟人参与；圈子联动反应促成热点，“集团合围式”
传播方式	开放式发散传播，侧重传播广度，海量信息，易淹没	封闭空间的闭环传递，侧重传播精度，有效信息直接抵达
定位	点到面的多向互动关系	点到点的双向互动关系

续表

类　别	政务微博	政务微信
功能	政务咨询服务、政府信息公开、新闻舆论引导、树立政府形象、与民众进行沟通互动等	拓展政府传播的空间和渠道，可进行高效的政民互动、突发事件公众参与、舆情控制等
相互关系	政务微博和政务微信的传播机制不同，政务微博宜侧重信息公开，政务微信宜侧重政务服务，可发挥各自在定位、功能方面的特点，在传播机制和传播方式上实现优势互补	

三．政务微信的四大功能

（一）移动的民生服务平台

政务微信可以代替行政机关服务窗口行使问询功能，一个软件可以节省许多人力和财力，而且更加高效。微信公众平台的关键字回复功能让网络问政“秒回”成为可能，只要在后台数据库做好相应设置，政务微信就能根据用户提问的关键字自动回复。未能自动回复的内容，管理员可以进行一对一的人工回应。如出入境签证预约、交通罚款的查询和缴纳、路况指引、天气预报、预约挂号等，这些业务窗口许多都连接到了政务微信上，公众通过网络就能办理各项手续，便捷高效，节省时间。

（二）精准的信息传播载体

政务微信账号一经用户关注，在发送信息时便可以精准地送达特定的用户。如果用户不希望接受信息，可以直接取消关注。由此，政务微信的信息可以实现精准的用户送达及与目标人群互动。例如，“清远发布”通过用户的订阅可以准确地将“微新闻”、“查咨询”、“掌上游”3个板块的信息送达用户，不仅精准地服务当地人群，提供健康生活、投资咨询、常用电话、天气预报等信息，而且方便外地游客了解清远味道、北江文化。

（三）零距离的官民互动频道

微信拓展了网络问政的深度与广度，使公众获取政务信息的途径更加多样，行政效率得以进一步提高。

政务微信让政民交流沟通在理论上实现“零时差”、无距离。政府的正面声音借助新媒体平台发出，提升透明度，打造公信力，真正增进了政民互动和互信。例如，订阅号“平安肇庆”在节假日期间积极通过推送信息与用户互动，提醒人们做好安全防范、发布出入境注意事项并传授安全小常识。这些信息为人们的日常生活提供了便利，而且增进了政民之间的互动及交流。

（四）创新型的公共服务空间

微信公众账号平台集合了所有的媒介形式，降低了媒介准入的门槛，各级政务部门可充分利用成熟的互联网平台改善公共服务，增强用户体验，有效推动政府职能的转变，创新管理和服务方式。

2012 年 8 月底，广州市白云区应急办开通微信公众号“广州应急-白云”，第二天便派上了用场。据广东省地震台网测定，广东省河源市源城区、东源县交界于当天 13 时 52 分发生里氏 4.2 级地震。当天 14 时 33 分，“广州应急-白云”就通过微信平台发布了这条消息，打造了广州政务微信首个成功运营的案例。

此外，政府部门还可在应急管理、舆情应对和组织动员等方面，充分利用政务微信进行功能探索和服务创新。

四. 政务微信的类型与定位

（一）服务号与订阅号的区别

微信公众号分为订阅公众号和服务公众号两种类型，政务微信在注册时可根据自身的定位进行选择，如表 6-2 所示。

表 6-2 服务号与订阅号的区别

类 别	服务号	订阅号
推送方式	推送的消息显示在消息列表中	推送消息统一放在“订阅号”文件夹中
特点	主要为用户提供移动化服务，如“招商银行”、“中国南方航空”	主要为用户提供信息和资讯，如“平安肇庆”、“广州公安”
功能	一个月（30 天）内仅可以发送 1 条群发消息；在发送消息给用户时，用户将收到即时的消息提醒；服务号存在于订阅用户（粉丝）的通讯录中；可申请自定义菜单	每天（24 小时内）可以发送 1 条群发消息；在发送消息给订阅用户时，订阅用户不会收到即时消息提醒；订阅号将被放入“订阅号”文件夹中；订阅号不支持自定义菜单
共同点	根据自身是否与腾讯微博绑定认证，微信公众号可分为认证微信和未认证微信。一般粉丝数量达到 500 个以上才能进行实名认证	

（二）如何在服务号和订阅号之间选择

根据以上特点可以看出二者之间的主要区别：服务号可以申请自定义菜单，而订阅号不能；服务号每月只能群发 1 条消息，订阅号可以每天群发 1 条消息；服务号群发的消息有消息提醒，而订阅号群发的消息没有，并直接放入“订阅号”文件夹中。

在推出订阅公众号之后，新版微信对于服务公众号的独立设置使服务公众号逐渐变得 App 化。那么，政府部门应该如何在二者之间进行选择呢？这主要看政府部门自身的定位和职能特点，以及是否有更多服务需要通过微信提供。如果没有，则无须勉强上阵，仓促开通服务公众号。如果一个月只发一次内容甚至半年只发一次内容，政务微信很容易沦为与“僵尸微博”类似的“僵尸微信”，反而有损政府部门的执政形象。

上海交通大学的王昊青认为，之所以出现“僵尸”现象，首要原因是沟通不顺畅。“僵尸”微信一是体现在更新频次上，二是体现在发布内容上——更新频率低导致服务平台“僵尸化”；发布内容陈旧导致政务微信沦为形式主义的牺牲品。因此，政府部门在开通政务微信时，要树立服务的理念，并及时更新后台信息，避免沦为“僵尸”微信。同时，政府部门若选择开通服务号，则需要开展深层次的技术开发工作，进行系统的功能规划，保证后台数据的时效性。总之，服务性较强、服务内容流程化的部门适合使用服务号。

五．政务微信的问题及对策

（一）政务微信发展过程中存在的问题

1．尚未建立跨部门联动机制

新浪微博在经历了内测版、企业版之后，为满足政府信息公开、舆情监测等需求，开放了政府版微博。新浪微博政府版集管理平台、舆情系统、问政平台于一体，实现了前台主页和后台管理的联动。用户可以通过政务微博平台直接参与互动，实现更具个性化的政务宣传需求。通过“直属单位”、“工作人员”等模块的建立，可以对相关联的微博账号进行自定义集中聚合展示。后台管理平台包括横向及纵向管理，拥有内容管理、考核管理及沟通管理三大模块。例如，“广州发布”的新浪微博账号下就拥有广州的80个政务微博，从而实现不同部门的分类及部门之间的联动，更好地实现了信息的第一时间发布及督办。

由于政务微信是与用户之间的一对一对话，因此不能很好地实现部门之间的联动。例如，政务微信无法像政务微博一样，将需要解决的问题“@主管部门”以促使事情的解决。因此，政务微信若要在微信平台上更好地发展起来，还需要腾讯在技术方面的支持，这对腾讯的技术开发也提出了极高的要求。

2．人力、财力资源短缺

财政投入不足。由于地区之间的经济发展水平差异较大，所以在新媒体的运营资源上也存在着较大的差距。例如，广东省建议各地市部门开通政务微博，但是只有对开通的建议，尚没有相关的资源跟进。广东某市新闻办公室的人员就曾反映：政务微博还没有开明白，现在又有政务微信，资源更加受限了。对于交警、公安等部门，实现跨部门之间的资源联动及与腾讯的合作，同样需要大量的资金支持。

运营人员紧缺。政务微信需要专职人员运营，但目前95%以上的政务微信都是由工作人员兼职完成，运营人员很少接受专业的新媒体运营培训。较完善的运营团队每天会召开编委会，有一套完善的运营机制，但是政府部门或多或少都面临着人员紧缺的问题。

3．观念守旧，对新媒体不了解

领导重视程度存在差异。在中国现有的行政体制下，领导的重视程度往往会对某项政策的推行产生重大影响。政府部门对新技术的采纳往往是自上而下进行的，如果上级领导对下级部门开通微信不够重视，除非下级部门对政务微信这一新技术具有业务需求，或者政务微信账号运营者个人拥有极大的热情，否则政务微信是不太容易推行开来的。

对新媒体技术不熟悉。由于不了解政务微信的技术特点和运作机制，有些政府部门的工作人员会对新事物持旁观态度，以此避免操作失误所导致的问题。因此，一些观念保守的政府部门工作人员依然偏向于通过报刊、广播、电视等传统媒体来发布信息，这无疑将不利于政务微信在广东省所有部门的扩散。

4．微信公众号操作不便捷

发布次数有待探索。现在，政府部门面临的首要操作问题是：在政务微信的发布上，服务号每个月只能发布 1 条信息，订阅号每天只能发布 1 条信息。腾讯大粤网的技术人员认为，之所以如此限定，是因为目前的微信尚未形成一个良好的生态圈，公共号中存在着许多诈骗营销行为。为了更好地发挥微信的积极功能，从长远的角度优化用户体验，腾讯公司不得已只能通过限制发布次数来实现公众号的优胜劣汰，让其自然形成一个良好的生态圈。这也位政务微信是否需要突破微信一天 1 条的限制，开发一个政务微信定制版本提供了可讨论及商榷的空间。

与粉丝互动受限。微信公众号规定必须在 24 小时之内对用户进行回复，超过 24 小时则不能回复。但是，这一点并没有考虑到很多政府事务的处理是不能 100% 做到在 24 小时之内回复的。这也从一个方面要求政府部门提高办事效率，完善部门联动机制。

（二）政务微信发展的提升对策

1. 优化政府内外部的资源配置

政务微信业务培训。考虑到大多数政务微信运营者为兼职完成工作，而政府部门又没有预算设置新的岗位来专门负责微信的维护，因此，加强对相关工作人员的培训就显得异常重要。这种培训的师资队伍可以参照首届广东政务微信论坛的嘉宾名单设置，除了互联网公司的技术人员、高校政务微信的研究团队以外，以往一些拥有成功经验的政务微信的运营者也可以被列入邀请名单。

政务微信服务外包。"广货网上行"是由广东省经信委外包给大粤网运营的。在刚刚结束的广东政务微信论坛上，它被评为"十大最具影响力政务微信"，可以说是政务微信服务外包的一个典范。因此，一些直面民生、不涉及政府机密的部门完全可以交由更懂得新媒体操作规律的网络媒体运营。至那些保密性要求较强的部门，也可以尝试将其外包给所在地的党报及其所属网站的运营团队，一方面利用专业的媒介技术，另一方面做到开源节流。

2. 促使政府工作人员进行观念革新

内部绩效激励。长期以来，政务微信的运营者都处于"吃力不讨好"的角色。由于是兼职，运作政务微信所积累的经验和业绩很难转化到他们的本职工作中；由于创新技术的未知风险，他们也会经常担心在工作中出现难以预料的差错，这些问题无形中加剧了工作人员的个人负担。而为了提高运营者的积极性，各部门可以将维护政务微信的工作列为年度考核测评的重要依据，并在每年对政务微信的优秀运营者予以表彰。

外部政策推动。在现实中，的确存在着一些地区和部门抱着"不做事永远不会错"的态度，消极应对政务微信这一新事物。面对这种情况，只能依靠上级主管单位强行发文，规定适宜使用微信的部门必须开设微信。不过，在推行强制性政策的同时，也应采取一些激励措施，防止强制开通的政务微信沦为"僵尸"账号。这个激励措施应避免过于形式主义的内部评比，而应将公众的反映纳入考量范围，如通过微信回复的投票方式选出"公众心目中的十佳便民微信"等。

3．发挥政务微博微信联动效应

大多数开通政务微信的政府部门也拥有官方微博。为了增加政务微信的粉丝数量，应利用好政务微博的集群效应，借助政务微博推广政务微信，实现“双微合璧”，优势互补。

对于紧急的动员、有时效性的信息发布，为了能够精准地推送，首选微信。同时，借助微博的集群效应，在微博上形成策应和补充。例如，在微信平台上收到的投诉、曝光的内容，核实相关材料后，把其中一部分发布在微博上。利用私密性在微信上沟通问题，利用公开性在微博上形成更好的监督。

“广州公安”在 2013 年 6 月 6 日进行的一系列平台升级都是通过官方微博将最新功能告知网友的，这就很好地扩大了公众的知情范围，而非局限在微信的小圈子里，也使自身获得了更多的关注。

4．调动公众互动参与

公众的互动参与能够激励政府部门做好政务微信，同时对政务微信的良好运营提出建议，形成良性循环。

首先，需设置功能齐全的微信界面，让公众享受到在线政务服务的便利。目前，“广州公安”的微信界面功能较为全面，有“路况资讯”、“服务事项”和“便民指南”3 个菜单按钮，每个菜单里各含 3 项内容。其中，“路况资讯”界面可以查询实时的市区路况，以及市政施工、交通事故等可能对交通造成影响的事件的通报（这些通报与交警的官方微博同步）。在“服务事项”界面，交管、出入境和户政 3 类业务都提供了直接对应的页面进行查询。

其次，可发起线上线下活动，增强与公众的接触和互动。“广东共青团”就较为善于此道。例如，邀请微信订阅用户发送朗诵语音，每天在参与互动的粉丝中抽选一位送出一本书等。该账号曾在“阅读吧”栏目中推出“在本期微信图文文章中找出团委标志并将其发送到朋友圈即有机会获得赠书”的活动，巧妙地宣传了微信账号。

第七章

政务微信的运营技巧

一. 准确定位，打造特色政务微信

（一）组建优秀的运营团队

一个优秀的政务微信账号背后是一支优秀的微信运营团队。在分工明确、相互配合的基础上，政府部门的政务微信运营团队应至少配备3个人。

一是主题策划人员，工作职能涉及主题内容和线下活动策划，主要包括策划用户感兴趣的、同时在本部门职能范围内的话题，开展相关主题的线下活动，从而与用户互动，增强公众号的用户黏性。

二是内容编辑人员，主要负责微信文案的撰写、音/视频的剪辑、图文消息的编排、内容的文字版式设计及图片的美工，并分析用户对内容的阅读和转发次数等数据，帮助策划人员制订更好的策划方案。

三是后台服务人员，主要负责收取用户的反馈意见和互动消息，及时、有针对性地解答问题。

在团队组建完成后，还需要不定期地对运营人员进行政务微信运营相关知识的专业培训，定期汇报运营结果并进行总结，方可保证其高效运作。

（二）根据部门职能选择开通服务号或订阅号

有重要消息需要推送或与市民有大量直接互动需求的政府部门和事业单位更适合推出政务微信，但开通服务号还是订阅号，则要根据主要职能进行选择。例如，气象局可通过其官方政务微信每天向市民发送天气预报，更适合开通订阅公众号。而承担大量政务办事功能的部门则可开通服务公众号。把办事流程迁移到微信，一方面可以节省自身的人力资源等运营成本，另一方面也可提供更便捷的服务，使市民利用碎片化的时间完成过去需要去到办事窗口才能完成的业务。

“广州公安”经过精准定位，致力于打造便民查询的特色品牌。该账号的定位不是信息内容的硬性推送，而是聚合政务办事信息，成为在公众需要时可随时查询的一个非干扰性移动官方平台。它标杆性地将政务在线办理融入微信平台，为市民提供46项在线业务查询、路况信息、办事指南、4项预约服务及1项网办服务，具体包括：交通违法查询，车辆及驾驶证状态查询等，出入境和户政业务办理进度查询，出入境和户政业务网上预约功能，往来港澳通行证再次签注办理，以及各类办事指引。作为全国首家实现综合查询和网办业务的政务微信平台，“广州公安”开拓出了一条新网络媒体时代公安机关积极应用社会化媒体服务社会和管理社会的新路子，也为自身获取了大量粉丝。

（三）强化政务微信内容的“个性化”

需彰显政务微信本地化、个性化的角色，积极研究当地居民的需求、特性和关注点，探索在发布政务信息的同时开通就业、健康、天气预报等惠民便民信息，打造一到两个固定的、当地居民民喜欢的品牌栏目。高品质的政务微信依靠其强关系圈子传播政务信息，必然会获得较好的口碑效应。例如，中山市共青团官方微信“中山青年”便专注于发布独家的青年活动信息，预告各式各样的公益活动，提高青年人的参与热情。

需要注意的是，强化做本地的“专属微信”，无疑会对政务微信的粉丝数量构成抑制，在开通前期尤为明显。粉丝数量下滑带来传播的“隐形效应”明显，传播效力评估的难度上升。这也要求政府转变运营理念：一是由看重粉丝数量转向看重粉丝质量，从侧重“规模”走向注重“品质”；二是由看重传播广度的“纸面化”转向看重传播效力的“实质化”。有政务微信人士指出：“微博是点对面的传播，微信是点对点的传播。打个比方，我们的微博有 423 万粉丝，我发 1 条微博，真正能看到的人恐怕只有 1% 至 5%。但微信就不同了，就算你只有 1 万粉丝，由于是点对点的传播，我可以基本保证发布的消息有 90% 以上的人会看，这样一来，实际传播面就相对更广，能够真正传递我方的声音。”此外，微信的强关系圈子对促进政务信息的高认可度的二次传播极有意义，口碑效应明显。

二．形成稳定的推送频率和时间，控制推送数量

作为一个 24 小时开放的平台，政务微信运营不能因循党政机关常规的 8 小时工作制，应根据不同的时间段调整发布的数量和内容，形成一定的规律性。每天的 9 ~ 10 点、16 ~ 18 点、21 ~ 22 点 3 个时间段，在线人数较多，发布信息更易于被受众看到。

在每天的发布数量上，政务微信需遵循适当的节奏，避免失语或“刷屏”。每天发布的消息最好控制在 1 ~ 3 条，这样既不会给受众带来“刷屏”的困扰，也可以避免重要内容被淹没在众多的推送信息中。

三．信息分栏归类，重点一目了然

为了使微信内容更加一目了然，方便市民查找，信息的分类十分有必要。而固定栏目的定期发布也有利于培养稳定的用户群。

“广东共青团”就长期设有许多固定栏目，如“最热 Hot”介绍最新与青年有关的新闻资讯，“阅读吧”介绍符合青年口味的经典好书，“胶片记忆”介绍优秀的摄影师和摄影作品，“如影随形”介绍最新影片资讯和杂志影评……这些信息分类都能帮助用户更方便地查阅自己感兴趣的内容。

四. 微信信息以自动回复代替人工回复

随着关注微友的增多，相关咨询工作量难免大幅增加。不断涌现的信息互动将对政府部门的人力配置提出考验。为提高回复群众问题的效率，政府不妨预先准备好一些常见的咨询类题库，以应对“同质化”询问。及时地丰富关键词回复，将大大省去一些反复的工作量。

据“平安肇庆”微信介绍，“大约 70% 的咨询业务可由后台设置的视频、文字、图片、语音等自动回复，而剩下的 30% 不适宜程序化即时回答的咨询，则由‘平安肇庆’的值班人员人工服务来答复”，“只要输入一些关键字，如户口、车管所、出入境等，‘平安肇庆’微信马上会自定义回复相关的公安业务”。

五. 语言要接地气，使用亲民话语，内容贴近民生

和政务微博一样，政务微信要放低身段，与市民保持平等交流，多用生活用语、网络用语、口语等，语气要平和、公允，避免官腔官调，尽量避免使用机关公牍式的语气。同时，推送的内容应与民众的生活相关，文章简短，尽量杜绝严肃单调、长篇大论的官方通讯稿件。

“黄埔检查”的固定栏目，如“微故事”、“微案例”、“微感悟”、“微服务”、“微问答”、“微趣味”等，多使用娓娓道来的方式，吸引用户阅读。其中“微故事”为原创连载故事，故事围绕虚拟人物“小明”的经历展开，用生活化的语言向市民普及司法知识，力图避免官方传统的说教模式。

六. 采取多种表现形式，图文并茂，增强可读性

除了内容上贴近民生，政务微信还需做到形式上的多样活泼。相对于纯文字

内容而言，“富文本”的微信内容更能吸引用户的关注和兴趣。政务微博中就常常通过插入表情、图片、视频、语音等各种“富文本”方式以增强内容的可读性，政务微信应予以借鉴。

在编排图文内容时，需注意以下几项。

- 巧用插图，图少而精。合理利用插图能帮助用户更形象地理解文章内容。若图片较大，则要先压缩，避免消息打开速度慢，影响用户体验，耗费用户流量。
- 字体大小最好设置为 18px。考虑到用户通过手机屏幕阅读文章，字体太小的话眼睛容易疲劳。
- 每一个段落的长度尽可能缩短。考虑到手机屏幕较小，应尽量避免出现大段文字。
- 在每篇文章的末尾附上微信二维码信息。在这个社交时代，微信内容很可能会被分享到各种网络平台上，文末附加的二维码信息能为更多的读者增加入口，从而增加粉丝数。
- 图文消息的摘要尽量简洁扼要。图片引起用户阅读兴趣，摘要影响用户对内容的阅读欲望。简洁扼要的摘要既不浪费摘要部分的空间，又成功吸引读者，一举两得。
- 文章长度尽量控制在 1500 字左右，不可过长。在发出每篇文章之前，进行仔细的校对，避免出现错别字。

七．调动民众参与热情，加强互动

（一）努力提高回复民众问题的效率

政务微信可开发具有自动回复功能的自定义菜单，供市民自助即时查询。准备好一些常见的咨询类数据库，应对“同质化”询问，及时丰富关键词回复，节省重复的工作量。如果查询不到，可再向人工提问。

目前，“平安肇庆”已回复市民问题7800条，解决实际问题6800条，赢得了良好的社会口碑。只要输入一些关键字，如“户口”、“车管所”、“出入境”等，“平安肇庆”微信马上会自定义回复相关的公安业务。

（二）设置功能全面的政务微信界面

“广州公安”的微信界面分为“路况资讯”、“服务事项”和“便民指南”三个菜单按钮，每个菜单里又包含三项内容。其中，“路况资讯”界面可以查询实时的市区路况情况，还有市政施工、交通事故等可能对交通造成影响的事件的通报这些通报与交警的官方微博同步。“服务事项”里，交管、出入境和户政三类业务都能直接通过对应的页面进行查询操作。如果是第一次操作，需要进行手机验证。验证后会自动形成一个金盾网账号，以备以后使用。如果用户需要给警方留言，点击下部菜单里最左边的键盘图标，也可以进行文字或语音输入。

（三）发起线上线下参与活动

“广东共青团”就较为善于与用户互动。邀请微信网友发送朗诵语音，每日在参与互动的粉丝中抽选一位送出一本书等。在“阅读吧”的栏目中推出在本期微信图文文章中找出团委标志并将其发送到朋友圈即有机会获得赠书的活动，巧妙地宣传了该账号。

八．保证时效性，不发过期信息

发布过期信息在公众眼中是一种消极怠慢的态度，是政务微信的大忌。因此，政务微信要与政府各项工作紧密结合，及时更新推送相关信息，真正发挥出微信的正面、积极作用，避免像某些政务微博那样患上“痴呆症”或沦为“僵尸”。

从整体上看，发布信息及时迅速、更新内容勤快的政务微信通常都拥有较多的粉丝关注，其粉丝的互动积极性也比较高，这些政务微信的影响力也从而提升。

九．微信微博双管齐下，优势互补

大多数开通政务微信的政府部门也拥有官方微博。应在了解并把握微博和微信二者各自的传播特性的基础上，实现“双微合璧”优势互补，提高政府服务社会的执政水平。

（一）利用好政务微博的集群效应

微博和微信有机融合、共同推进。我国政务微博的数量已突破 6 万个，克服了以前政府网站之间互不往来的弊端，政务微博间互动增强，已形成集群效应。

对于紧急的动员、有时效性的信息发布，为了能够精准的推送和到达，首选微信，同时借助微博的集群效应，在微博上形成策应和补充。例如，在微信平台收到的投诉、曝光的内容，核实相关材料后，把其中一部分发布在微博上。这样，利用私密性在微信上沟通问题，利用公开性在微博上，则能形成更好的监督。

（二）借助政务微博推广政务微信

因微信是私密空间内的闭环交流，其传播扩散力较弱，公共账号的宣传是一大软肋。借助政务微博推广政务微信，大力扩展账号的人群覆盖面，增强政务微信的权威性和信息传播扩散能力，有效推动新媒体问政深入发展。

“广州公安”在 2013 年 6 月 6 日正式开通综合查询和网办功能、更新路况资讯中的“电子警察分布图”功能，以及服务事项中的“机动车违法查询”、“护照、通行证等业务预约”、“港澳再次签注业务办理”、“身份证业务预约”功能。这一系列的平台升级都是通过官方微博将最新功能告知网友的，从而扩大了公众的知情范围，使政务微信获得更多关注。

十．及时打击“山寨”政务微信

目前，不少貌似“官方出品”的政务微信账号纷纷出现，有些“山寨”微信还采用了当地政务微博的专用图案作为头像，外观上足以乱真。一旦这些微信账号被利用来发送诈骗及不实信息，政府公信力便有可能受损。

及时打击“山寨”政务微信：一是需要各地政府的舆情监测部门给予高度关注，防止出现借官方名义发布谣言等情况；二是尽快开通各自的官方认证政务微信以示区别，如果条件暂未成熟而不能开通的，应在相应的官方微博或其他途径及时澄清，公布“山寨”账号，或考虑交涉注销相关“山寨”账号；三是可效仿肇庆公安，成立网络问政办公室，及时发现和打击“山寨”政务微信。

优秀政务微信案例分析

【案例】外交小灵通

“外交小灵通”是外交部公共外交办公室官方微信，于2013年5月7日开通，微信号为“waijiaoxiaolingtong”，是全国第一个开通公众微信号的中央部委。

“外交小灵通”属于订阅公众号，推送的内容主要主要涉及四方面：重要外事活动信息；高级外交官的重要讲话、文章；驻外使领馆活动的新闻报道；领事救助和外交知识等。在形式上，多选取轻松活泼的信息，采用图文并茂的方式进行外交知识的普及。每当国家领导人出访，“外交小灵通”便会发布一些有趣的当地知识介绍，如旅游、文化、社会信息等，巧妙提取当地亮点，大大提升了信息的可读性，同时兼顾服务性与趣味性。

与其政务微博的风格相似，“外交小灵通”总体保持亲民路线、诙谐的语言风格，同时还积极利用已有的新浪微博账号宣传政务微信，通过在官方网站、新浪微博上发步消息，举办开放日、座谈会等线下活动推介微信二维码，实现双“微”合璧，塑造“外交小灵通”品牌，开展网络公共外交活动。

【案例】深圳罗湖区法院

“深圳罗湖区法院”是全国法院系统首个实名认证的微信公众账号，于2013年4月底开通，微信号为“luohufayuan”，属于服务公众号。

深圳市罗湖区法院结合本部门职能和工作特点，在微信公众平台开设了“我要立案”、“我要调解”、“案件审理”、“案件执行”“预约查阅档案”、“本院动态信息”、“法律文化书院”、“联系我们”等8个栏目、45个子栏目，涵盖立案、审判、执行等各个工作环节。公众只需要在微信公众账号中搜索并关注“深圳罗湖区法院”，就可以了解法院的立案流程，获得民事、行政、执行、财产保全等案件的立案指导信息；查询案件进度，方便地联系案件的主审法官；预约查询档案，直接申请预约立案和调解等。

【案例】清远发布

“清远发布”是清远市人民政府新闻办公室官方微信，于2013年8月28日开通，微信号为“qingyuanfabu”。

“清远发布”属于订阅公众号，每日均有一条推送，包含3至5条信息，内容包括全国要闻，如三中全会专题报道，但更多的是本地新闻，如新发布政策、本地商品价格、相关领导动态及其他与清远市民生活有关的内容。对于全国要闻，“清远发布”以转载权威媒体报道（如人民网报道）为主；对于本地新闻，则以独立采写为主。除常规推送外，“清远发布”还设有用户手动获取的资讯，包括“微新闻”、“查资讯”和“掌上游”。

“清远发布”能持续保持更新，为订阅用户提供最新的有关清远的新闻资讯，而服务机构、常用电话和天气预报等实用性内容，也为用户提供了方便，“清远旅游”模块为旅客提供了借鉴。

【案例】广州交警

“广州交警”是广州市公安局交通警察支队官方微信，于2013年1月30日开通，微信号为“gzjiaojing”，属于服务公众号，为市民提供快撤理赔、交通违法查询、交通违法提醒、预约办理业务的便民服务。

“广州交警”提供了自定义菜单，一级菜单为“快撤理赔”、“车辆业务”和“我”。“快撤理赔”为用户提供轻微交通事故快撤理赔的使用帮助、快撤理赔拍照上传及历史记录备案录查询功能。“车辆业务”提供交通违法查询、车辆年审预约及电子警察分布图。其中，交通违法查询在用户微信账号与其网上交管所账号关联的前提下，能主动为用户推送新的交通违法通知消息。“我”介绍了“广州交警”微信公众号的功能，并提供“警民通”手机App的下载地址。

“广州交警”最大的特色是供车主办理快撤理赔程序，在发生轻微交通事故后，车主只需要按照指引上传事故位置信息和现场照片即可收到备案号，车主凭借备案号在快速理赔点可查出此单事故的地点和详细情况。

【案例】广州应急-白云

“广州应急-白云”是广州市白云区政府应急管理办公室官方微信，于2012年8月30日开通，微信号为“GzByYjb”，是广州首个开通的政务微信，在开通第二天便发布河源震情，打造了广州政务微信首个成功运营的案例。

“广州应急-白云”属于订阅公众号，主要用于推送应急动态，提供应急常识技能咨询，并受理微信爆料和救助。推送日期不固定，推送内容主要涉及四个方面：一是自然灾害防控；二是社会安全事件防控；三是事故灾难防控；四是公共卫生事件防控。其提供的应急常识也覆盖这四类防控。

除此这四类之外，“广州应急-白云”还推送其他类型的内容，但仅占小部分，如“广州交警：车辆预约年审简单，无须近期‘抢闸’办理”、“广州各大医院预约挂号方式大全”，与其推送的主要内容有一定关联。

与同部门类型的政务微信号“广东省政府应急办”和“汕头市政府应急办”相比，“广州应急-白云”推送的内容比较集中，贴近其政府部门本身的职能，其内容均以图文形式呈现，优于仅推送文字。

【案例】福田民生

“福田民生”是深圳市福田区人民政府官方微信，于2013年11月15日开通，微信号为“szftms”，它属于服务公众号，主要功能是通过微信开展政务公开和民生实事评议。

“福田民生”的一大特点是形式新颖，贴近民众，平等对话。用户在关注公众号后会立即收到一条语音信息，这是福田区委书记通过微信向市民发出的亲切邀请：“居民朋友，大家好！很兴奋，科技的力量让我们之间的距离变得很近，也让我们可以更方便地互动。怎么样？福田是咱们共同的家，为了福田更幸福，多来聊聊吧！”通过语音对话，官员的形象变得具体可“听”，与民众的交流不再是冷冰冰的通告文字，而是富有人情味。

“福田民生”的另一大特点是栏目设置清晰，服务特色凸显。市民可以足不出户，直接通过微信公众号查看办事攻略；可以在网上预约业务办理，少走弯路，节省时间；还可以实时追踪办理进展和结果，遇困难时可立即通过“有问必答”栏寻求帮助。

在服务内容上，“福田民生”分为“我们推送”、“我们关注”、“我们服务”三大版块。“我们推送”版块设有民生快讯、民生实事、微信直播四个子栏目。“民生快讯”栏目发布民生资讯、民生动态，“民生实事”栏目配合福田区二十项民生实事行动，定期发布民生实事行动的最新进展和取得的成果。“我们关注”版块设有“党员之家”、“福田小公民”、“白领俱乐部”、“民生项目征集”、“民意调查”五个子栏目。前三个栏目是根据不同人群的特点而量身定做的服务平台，后两个栏目则是面向市民进行民生实事项目投票、民意调研的平台。“我们服务”版块设有“办事攻略”、“网上预约”、“结果查询”、“有问必答”四个子栏目，为市民和企业提供服务。

【案例】广州天气

“广州天气”是广州市气象局官方微信，于2013年1月10日开通，微信号为“guangzhoutianqi”，之前属于订阅公众号，现已升级为服务公众号。广州市气象局是广州市第二个开通官方微信的政务部门，同时开创了全省气象部门开通官方微信的先河。

2013年12月10日升级改版后，“广州天气”的内容分为“预报预警”、“实况资料”、“生活天气”三个版块。市民可在“预报预警”版块获得广州各区县的当前天气实况、3小时和7天天气预报、当前预警及防御指引，在“实况资料”版块获取雷达图、卫星云图、台风路径图和雨量温度图，在“生活天气”版块，除建议着装外，还提供全国2000多个县级以上城市和国外主要城市的天气预报。

总体来看，升级改版之后，“广州天气”的内容更为全面，查询更加方便，贴近市民生活。

【案例】广东共青团

“广东共青团”是共青团广东省委员会官方微信，于2012年11月8日开通，微信号为“GD_cyl”，属于订阅公众号，功能主要是信息推送和自我宣传。

“广东共青团”的信息内容以当下热门新闻为主，总体上侧重与青年、校园相关的新闻，同时还是广东省团委传达倡议、精神的渠道。前期多摘取报纸文章进行整合推送。2012年12月4日中断一天，其后推送的内容和形式都有较大调整，不再是单一的严肃的官方通讯，而增加了轻松的生活常识等内容。

在2013年1月15日之后，“广东共青团”推送的内容框架逐渐固定，设置有“团组织资讯”、“青年活动”、“网络热点”、“心理测试”等多个栏目，并开始注重“阅读吧”这一板块的经营，腔调生硬的官方宣传稿件出现次数明显减少。除此之外，“广州共青团”较为注重与公众的互动，如邀请微信网友发送朗诵语音、每日在参与互动的粉丝中抽选一位送出一本书等。

从早期到如今的微信内容变化轨迹可看出，“广东共青团”具有较强的媒体经营意识和自我改进意识。后期在“阅读吧”的栏目中推出“在本期微信图文文章中找出团委标志并将其发送到朋友圈即有机会获得赠书”活动，可见该微信还注重自身账号的宣传。

【案例】廉洁广州

“廉洁广州”是中共广州市纪委的官方微信账号，于2013年11月20日开通，微信号为“lianjieguangzhou”，属于服务公众号。在开通纪检监察手机短信举报平台的基础上，“廉洁广州”官方微信的开通打造了全国纪检监察系统首个融信息发布、监督评议、互动交流等功能于一体，全方位、立体式的手机互动平台。

“廉洁广州”的服务内容主要有“公告公示”、“信息查询”两大版块，可实现农村党务村务财务“三公开”信息查询、农村三资交易信息查询、行政执法结果等信息查询。建议该账号除提供信息查询外考虑逐步增加信访举报功能，并及时跟进反馈，同时建立信息不实发布的追责程序，以保障数据信息的真实性和完整性。

【案例】平安梅州

“平安梅州”是广东省梅州市公安局官方微信，于2013年1月26日开通，微信号为“mzga001”，属于订阅公众号。

“平安梅州”每日发布一则信息，每周发布“一周警讯”。推送内容主要涉及四个方面：一是公安局近期案件，如“梅县区警方再掀‘雷霆扫毒’高潮，抓获贩毒嫌疑人5人”；二是近期社会骗局，如“轻信网上贷款小广告，2市民被骗9万多”；三是便民资讯，如“省内哪类交通罚单可异地自助终端缴费”；四是安全防范措施，如“冬季沐浴时间切勿过长，当心煤气中毒”。信息以图文形式呈现，每天推送一则，而“一周警讯”推送四则信息。

在首次关注后，“平安梅州”将推送语音信息告知用户该账号的功能，语音中穿插客家话和普通话，富有地方特色。

参考资料

[1] 刘鹏飞、卢永春. 政务微信：互联时代网络问政新利器. 人民网，2013年5月24日. http://yuqing.people.com.cn/n/2013/0524/c354318-21605719.html.

[2] 张明江. 深度对话：怎样向指尖延伸. 人民日报，2013年6月5日，11版.

[3] 广东政务微信报告. 腾讯大粤网，2013年12月27日. http://gd.qq.com/a/20131227/015410.htm.

[4] 闫昆仑, 杨璐. 社交网络政务=微博发布+微信服务. 南方日报，2013 年 8 月 9 日.

[5] 陈超贤. 政务微信发展的现状、问题及对策. 共青岛市委党校·青岛行政学院学报，2013 年第 4 期.

[6] 廖颖谊. 广州 17 个政务微信仅 4 个有“V”. 新快报，2013 年 5 月 1 日，A08 版.

[7] 廖颖谊. 既想服务又爱发布，政务微信开始试水双号运行. 新快报，2013 年 8 月 8 日，A20 版.

[8] 何璐、朱卫禄. 首个中央部委试水政务微信——借新媒体讲述“中国外交故事”. 人民日报，2013 年 6 月 4 日，11 版.

第四部分

企业篇

第八章
企业微信的应用及发展

邱道勇[1]

一. 企业微信应用现状

作为新兴的自媒体，微信公众平台自 2012 年 8 月 18 日推出以来，先是数百家媒体蜂拥而上，将其开辟为继官网、微博后的又一重要网络传播战场，然后是大批企业和个人涌入。根据腾讯官方数据，截至 2014 年 7 月，微信公众账号总数达 580 万个，每日新增 1.5 万个。在微信圈里有句话说得很好："一千个微信粉丝相当于十万个微博粉丝。"所以，各行各业微信"圈地"已经成了常态，很多企业甚至不惜组建团队来运营。

打开微信，你会发现很多传统企业也在应用微信了，有些企业已经把公众平台搭建得很完善了，更有些企业凭借各种资源的整合优势取得了一定的效果，从某种程度上来讲，没有资源的企业只能是望其项背。微信能"营"不能"销"就是现在绝大部分企业所面临的尴尬情况。

为什么？因为企业的问题不是出在营销上，而是团队、项目战略、运营模式触礁了，当然也受外部经济环境影响。微信作为企业品牌营销的一种手段，要想

---

1 邱道勇，深山老林企业管理咨询有限公司创始人，云海汇首席架构师，《微信改变世界》一书作者。

使其真正实现自己的意义，就得采取一定的战略战术。

当前很多企业对于微信营销的应用存在着不少误区，这也是企业微信营销的应用现状。

误区一：微信适合每个行业和企业

于企业而言，微信并没有说适合哪个行业，也不是所有的品牌都可以利用微信进行营销。要想通过微信来推广自己的品牌，首先需要判断自己所处的行业是否适合微信营销，要研究行业网络营销现状，其次是要剖析企业网络营销现状，最后则要对微信接入进行可行性分析。

当然，最主要的是看清自己产品的优劣。此外，还要弄明白，什么样的用户使用微信最频繁，用户利用微信做什么。有的用户利用微信是为了收发公司文件或资料，有的用户是为了其方便的语音功能，而有的用户则是为了交友、聊天。所以，成功应用微信营销的优势是建立在微信用户数量与目标客户人群的交集基础上的，对待不同的用户群，企业要采取不同的微信营销方式。

误区二：公众账号的推广思路不明晰

微信分为公众账号和个人微信号。公众账号又分为订阅型公众账号和服务型公众账号。但目前很多企业老板对于哪种产品适用哪种模式的账号来推广很迷茫。

其实很简单，微信的思路基本可分为两大块——公众账号适合做 B2C、B2B、C2B，个人微信号适合做 B2C、B2B、B2G。

订阅型公众账号适合做移动电商、企业名片、信息发布。服务型公众账号以客服和工具为主。针对不同的移动电商商业模式，订阅型公众账号和服务型公众账号两者在功能上是可以互补的。

个人微信号作为推广工具，做法就是不断地利用个人微信号去扩展客户人脉，有意向的客户即可马上向其推荐关注企业的订阅型公众账号。

误区三：企业微信的定位错误

杰克·特劳特说，定位是对本产品和竞争产品进行深入分析，在对消费者的需求进行准确判断的基础上，确定产品与众不同的优势及与此相关的在消费者心中的独特地位，并将它们传达给目标消费者的动态过程。

微信公众平台的定位，就其本质而言，应当满足客户的价值并提供更多的价值。但现在很多企业只是把微信公众平台当成企业的信息发布平台，一味地追求大而全，不能做到有的放矢，不能满足客户需求，更谈不上为客户不断创造价值了。客户的偏好、关注点与企业的服务无法匹配，这样客户便无法与企业进行互动反馈，也就失去了微信营销的意义，最终的结果就是被淹没和被淡忘。

很多成功的微信营销案例，大多数都是因为有着明确的定位，了解用户的需求。对于中小企业，建议前期定位应以服务、宣传为主，推送的内容应以行业最新资讯、解决用户疑问为主，而后期，可以推送一些促销信息，从而为网站带来转化率和利润。

误区四：只简单地注册了公众账号，不注重社交流量

有很多企业商家注册了公众账号后，只是在推广的时候更新一下内容，其余时间就放在那里不管不问了，结果导致关注的用户越来越少。这是由于企业对于微信的认识不全、信息不对称造成的。

其实，作为一个普通的微信用户，关注的公众账号数量本身就是有限的，加之 2014 年 5 月微信限制好友数量，更为企业的微信推广加大了难度。要知道，大部分人都喜欢关注最出众的那一个，企业的微信如果没有持续、有爆点的内容来表达自己，就无从吸引人群的关注，更谈不上与目标客户建立信任基础了。

要善于动用一切渠道来宣传你的企业，来增加你的粉丝数量。不要忘记你员工个人微信的力量：如果一个员工朋友圈中有 100 个客户，那么 100 个员工累积起来就有 10000 个客户的微信，员工参于分享企业微信是成功推广的捷径。同时，还要关注竞争对手的微信。如果你关注了 50 个竞争对手的微信，就会有 50 个账号教你怎样做好微信营销，你要做的就是优化他们所有的方法。记住：竞争对手是最好的老师。

误区五："广撒网"就能"多捕鱼"

微信营销的不仅仅是企业的产品和服务，更重要的是品牌。在市场经济深入发展的今天，没有专业化的品牌肯定是不行的。

很多人认为"广撒网"才能"多捕鱼"，事实上，这句话要看适用的语境。如果我们是在学习知识，自然是多多益善，涉猎越广，知道的就越多。但是，如果我们要做品牌，尤其是做微品牌，这句话就不适用了。

俗话说，欲速则不达。企业要快速发展，开拓多元化战略，但也要着眼现实，因为微品牌更注重产品自身的质量。在市场竞争如此激烈的当下社会，品牌的建立本来就是一件非常困难的事情，而且品牌建立起来以后，还需要企业去努力维护。如果品牌不集中、不专一，企业一味地追求做大做强，无法将精力集中于一点，难免会有顾量不顾质的现象出现。粗制滥造、质量不达标的产品必定是要被公众拒绝的，产品销售不出去就意味着商家的品牌将受到毁灭性的打击。那时，再大的企业也会在分散中缩水。因此，企业只有将全部精力集中到一处，在最初就做到最好，让消费者认可自己的产品，才能在千帆竞舟、百舸争流的微时代树立起自己的微品牌。

二. 微信对于企业发展的价值体现

随着微信用户的爆炸式增长，很多企业纷纷用这个工具来做营销。无论是在公交车上、电视上，还是在网络上、报纸上，我们随时随地都能看见各种各样的企业二维码，甚至在 KTV 唱歌、在饭店吃饭，都能在菜单上、餐桌上看见二维码。这是一个疯狂的微时代，越来越多的企业纷纷投入了大量的精力、物力和人力，抢占微信这个最新的营销渠道。

微信营销是伴随着微信的火热而产生的一种网络营销方式。微信不存在距离的限制，用户注册微信后，可与周围同样注册的"朋友"形成一种联系，用户订阅自己所需的信息，商家通过提供用户需要的信息从而推广自己的产品。

如果我们仍然简单地认为，微信的营销价值只是体现在微信的信息传递和互动性上，那我们就大错特错了。微信的最大营销价值在于其商业平台价值的开放。我们都知道，微信还有公共平台和开放平台。公共平台上现在已经汇聚了众多的商家，提供 App 应用服务。仅仅是一个 App 的应用服务，就已经让众多的商家尝到了微信营销的甜头。如果企业能够在微信的开放平台上架构起营销系统，这对于企业来说才是真正的微信营销。

微信营销到底能够帮助企业解决哪些问题？带来什么好处？下面我们一起探讨一下微信能够帮助企业带来的几个关键价值体现。

一是轻松维护老客户、锁定老客户。企业的老板应该都有这样的困惑：当我们费了九牛二虎之力开发了一个新客户后，如果没有好好地沟通交流，也许几天之后，这个客户就流失了，甚至去竞争对手那里消费。而传统的营销方式，如打陌生电话、业务员直接拜访、客服维护老客户等，成本高不说，还不容易操作。例如，收到垃圾短信、接到推销电话时，我们最常做的动作就是删除、拒接，除非那些信息正好是我们所需要的。这就是企业没有精准分类客户所造成的结果。而通过微信，只要用户开通微信并关注企业的公众账号，企业即可准确定位客户，并对客户进行分类，从而对目标人群形成规模化的营销，把他们需要的信息准确地推送到客户的手机上。

二是建立自己的广告平台，节省庞大的广告开支。在没有像微信这样的工具之前，很多企业都是通过传统的方式来做广告，如电视、杂志、报纸、百度竞价等。这些广告宣传方式无疑是需要庞大的资金来支撑的，即使如此，销量也不一定会与广告成本成正比。在这个互联网高速发展的时代，企业可以通过建立官网招徕客户，开展电子商务。网站的建设费用远远低于企业在电视等媒体中的广告费用。不仅如此，企业还可以通过网站的更新使消费者及时了解企业最新讯息，便于交流。在建立企业网站的同时，还要注重增设一个配套的移动客户端，使得企业能够被广大的移动客户群熟知。除此之外，还要运用不断出现的新生事物发展企业，如通过近两年逐渐火爆的二维码这个新颖的营销手段吸引目标客户的关注。二维码营销相对于捉襟见肘的企业来说是一种低廉有效的传播手段，无论是消费市场还是企业展览宣传，都可以轻松做到线上与线下的完美结合，其前景不可估量。这也是很多已经看到这个机遇的企业纷纷投入大量精力去“圈地”、抢占市场的重要原因。因为如果自己不领先一步，很可能竞争对手就捷足先登，当竞争对手锁定目标客户之后，自己将会变得非常被动。

三是节省人力成本。微信推出的公众平台，很关键的一个功能就是充当客服。通过关键字的设置，可以实现自动化的人工服务，节约大量的人力成本。一般的小企业可能没有很多关键词，但对于银行、手机企业等用户规模非常庞大的企业来说，如果仅靠人工，基本是无法完成的。通过微信公众平台的客服功能，一年光短信费用就可以节省数百万元。同时，在微信上面还可以实现在线下单、在线订购等，这些都可以给企业节约大量的成本。

四是达成老客户的转介绍，形成爆炸式传播。企业建立微信公众平台，老客户持续消费，对企业产生信任后，会自发地对企业的品牌或产品进行分享传播。企业也可以开展活动，刺激老客户分享传播。传播方式非常简单，只需要分享到朋友圈——因为圈里的粉丝都是自己的好友，信任度非常高。这样，传播的有效性也能达到最好的效果。

五是建立企业自己的客户群，形成自己的“鱼塘”。通过把目标客户导入企业微信公众平台，然后进行规模化的影响，慢慢地，让粉丝对企业产生依赖，从而建立自己稳定的客户群，形成自己的“鱼塘”。这个“鱼塘”便是企业最大的财富。通过这个“鱼塘”，不仅可以经营自己的服务和产品，更可以与其他企业合作，让效益最大化。例如，我们公司是做美容产品的，而喜欢美容的人是不是也要吃饭，也要买衣服，也想去度假旅游？那么，我们是不是可以相互合作，交换粉丝？

三．企业微信公众平台运营分析

通过微信公众平台，企业可以打造一个微信公众号，实现和特定群体文字、图片、语音的全方位沟通、互动。微信公众平台的最大特点在于手机订阅账号，所有信息可直接到达用户的手机桌面，实现企业对用户的点对点精准营销。有观点认为，微信将成为移动互联网界的 Facebook，复制、投射 QQ，沉淀用户关系，拼接、绘制用户手机电话簿中的二维关系，也让微信有着比任何通信工具黏度更高的用户关系，从而晋级“应用社交平台”。

通过与开放平台“对接”，用户无须离开聊天窗口就能看到商品图像、价格、购买链接等信息，既得到了朋友分享的信息，又可以轻松聊天。用户通过微信把商品的信息一个接一个传播开去，达到社会化媒体上最直接的口碑营销效果，其灵活性受到用户、企业与商家的一致欢迎。

随着微信营销时代的到来，不少企业争先恐后地打造自身企业的微信营销平台，开始注重微信公众平台的开发与利用，期望通过平台实现企业营销产品、扩大知名度的目的。那么，企业的微信公众平台应该如何去运营呢？应该注重哪些事情、避免哪些误区呢？下面就目前企业运营微信平台的过程中存在的问题进行分析，为企业运营微信公众平台提供一些参考和建议。

如果想做好一个微信公众账号，简单地说，需要从五个要点出发：品牌、用户、内容、价值、渠道。

（一）品牌的定位

许多中小企业在做公众平台的时候都喜欢用自己公司的名字，以为这样就能树立自己的品牌，其实这样做是不对的。因为对于小企业而言，没有很好的知名度，只能通过自己的特色来吸引顾客。

要做一个公众号的定位，首先应该把它定位成一个有血有肉的人。这个人是男人还是女人？什么年龄？什么性格？什么阶层？都很重要。只有将这些内容定位好了，才能取名字、选头像，以及进行后期内容的推送。

关于名字的选取，简单、顺口、有吸引力的就是好的。需要强调一点：头像的选取很重要，直接决定粉丝是否愿意和你互动。

（二）用户的上网习惯

对于微信公众平台的运营者来说，工作的场所需要从公司的办公室转移到客户的身边。运营者需要关注的不是企业做了什么，而是客户在做什么、想什么。

很多人整天上网，你知道他们为什么要上网吗？或许你会说：因为他们无聊，他们要看新闻、看片，要玩游戏。其实这些都不是核心的问题。好奇心才是网民上网最核心的东西。他们关心什么？是私人隐私，还是一些牛 X 人的生活？这些都是你需要考虑的。很多时候，你必须明确：你的客户上网吗？经常上网的都是些什么人？他们通过什么上网？他们上网都在做些什么？他们喜欢在什么时间段上网？只有想清楚这些问题，同时，还要把潜在的用户当成亲人、朋友，而非以往的“上帝”，才能更加容易贴近潜在用户的心理，获得对方的好感。也只有这样，你才能让你的用户愿意关注你，关注你的产品。

（三）内容的生产

其实微信公众平台就相当于自媒体。自媒体讲究内容为王，只有你的内容满足了客户的需要，他们才愿意关注你。什么样的内容是客户需要的呢？有趣、有特色、创新，既要给用户留下互动的空间，还要给读者留下一个人的形象。

微信公众平台不像个人微信着重社交，它强调的是为个人提供服务。例如，星巴克的自然醒微信互动，使人们看到了一种全新的老客户关系维护渠道；一汽大众与切客的到店签到有礼，使人们看到了如何将客户通过移动端推送到线下；木有美术馆通过微信传递每一束花的故事，使人们知道其实产品是可以和客户直接交流的。这些账号的立足之本都是实实切切为用户提供帮助，也只有这样的微信公众账号才能留住用户，持久发展，并且为企业带来效益。

随着微信使用人群基数的不断扩大，企业在微信公众平台上的营销力度将持续加大。人们越来越发现，工具和平台只是手段而已，营销的核心依然是创新，内容创新已经成为微信营销的灵魂。

（四）价值的体现

其实如果你认真地想一下，你就会发现这四点是相同的，只要你把前三点做好了，你给客户带来的价值自然就体现出来了。当客户认可你的价值后，你们就很容易取得信任关系。只要客户相信你，你的产品就能实现营销的目的。

传播观念的变化在不断地提醒我们：要跟上变化，就必须知道客户的欲求和价值观的选择，并针对情况快速进行调整。当运营者对客户关注，并能够取得丰富资料的时候，微信公众平台的传播自然会得到客户的认同。

（五）合理使用渠道

虽然很多企业都开通了微信号，但是目前企业类公众号还处于萌芽阶段。因为运营难度大，所以 99% 的微信号都没有专人负责运营。企业在面临订阅号和服务号时，本质是选择接口权限，这涉及开发模式，而很多企业并不能独立完成开发，这时就需要考虑哪些第三方服务平台是有利于自身的发展的。其实，公众号究其本质，还是一个与粉丝互动交流的通道，如何合理使用这个渠道才是重要的。

第九章

国内中小企业微信应用现状

马佳彬[1]

目前企业在微信应用方面，整体来看大企业比中小企业做得要好一些。当然，这并不是说中小企业在微信应用方面做得不好。部分中小企业通过整合资源，策划创意互动活动，短期内也取得了不错的成绩。但是，绝大部分的中小企业在微信应用方面还是处于起步阶段，效果也不尽如人意。大企业选择将微信公众平台与传统的业务流程、服务流程、销售渠道等对接在一起，如南方航空公司的微信公众账号就可以在线购买机票、办理登机牌和使用明珠会员卡的服务。目前来看，中小企业在这方面就比较薄弱一些，这也是很多中小企业在一开始应用微信时观念上的“跑偏”所造成的，也有一部分原因是微信第三方行业混乱的服务误导了中小企业。

中小企业早前应用微信的重心放在了个人微信号上，误认为个人微信号能够快速增加粉丝，并且通过微信朋友圈快速地传播产品和服务信息，以此进行一系列的营销活动。当然，这也是不少第三方服务商和软件开发公司所希望看到的，层出不穷的个人微信号加好友软件，iOS 和安卓平板设备也一度炒到了非常高的价格，甚至超过了数码设备本身售价的数倍以上。混乱的第三方服务行业使得部分公司和软件开发者捞到了不少金钱，而中小企业则在误导中迷失了方向，逐渐发现个人微信号加好友也不是解决问题的根本方法。个人微信号利用软件暴力加好友、频繁群发信息的行为引起了微信官方的高度重视。随着官方严厉的封号和清

1 马佳彬，广州佳彬网络科技有限公司总经理。

理工作的展开，不少中小企业原来建立和运营的个人微信号陆续被封杀，甚至部分个人微信号已经加了成千上万个微信好友，还是逃不过被封杀的命运。如此一来，中小企业的微信营销操盘手们才发觉方向错了。

其实，利用个人微信号自动加好友群发信息的方向本来就是错误的。微信营销的特点是精准，而自动加好友，甚至是用情色、擦边、违法的内容来吸引好友，以此添加的微信好友本身的精准度就有待商榷，绝大部分极有可能并非企业的目标客户群体。但是，短暂的利益是让中小企业继续执迷不悟的根源所在。不可否认，极小部分的中小企业以这种方式在早期还是取得了一些收益，如朋友圈的销售额从零爆长，微信群之间的客户资源交换风生水起。但是，这仅仅是微信营销初期的福利，随着越来越多的中小企业采用同样的软件、同样的思路、同样的操作手法之后，营销效果就开始大打折扣了。因此，最终中小企业还是要回归公众平台，而不是一直在个人微信号、朋友圈、微信群中纠缠下去——老想着挖掘出一些漏洞，短、平、快地做出效果来。

说到公众平台，并非所有的中小企业都如笔者上文所说，把重点放在个人微信号上。不少中小企业一开始实施微信营销时还是采用了公众平台。微信公众平台早期的账号类型只有订阅号，所以，中小企业无法选择，只能从订阅号开始摸索。在笔者看来，微信官方在规划公众平台时也算是“摸着石头过河”，从不成熟到成熟也经历了一段时间。公众平台的功能、认证、类型三者之间的混乱一度让中小企业无从选择。当然，现在将公众账号规划为订阅号和服务号，订阅号面向媒体和个人，服务号面向企业和组织，也相对清晰了很多。回到最早只有订阅号的时期，笔者发现，中小企业在运营订阅号时问题繁多，所取得的效果微乎其微。

公众平台最主要的作用还是维护客户关系，实现与客户之间的信息对称，并借助客户的微信朋友圈传播口碑。中小企业选择订阅号的初衷或思路跟当年操作微信营销是一样的，目的还是为了加多些粉丝，发多些广告，快速提升营销效果。殊不知，加粉推广这第一道门槛就已经让很多企业迈不过去了。中小企业的通病是什么网络营销方式火爆就采用什么，从来没有注重网络营销经验总结、数据积累、人才培养等工作，导致出现了网络营销方式玩一把就换、玩一把就死的尴尬情况，最终还是没有自己拿手的网络营销手段。中小企业在利用微信订阅公众账号做营销工作时发现：内容策划是个问题、账号定位是个问题、运营数据分析是个问题、推广拉粉是个问题、活动策划是个问题、互动客服是个问题……总之，每个环节都会出现或多或少的问题。

除此之外，部分中小企业把重心放在了平台搭建而不是运营上。微信官方的公众平台赋予订阅号的功能并不是很多，于是中小企业开始寻思着如何在上面搭建微网站、搭建 LBS 导航、搭建各种各样的抽奖工具，可以说，现在微信公众平台第三方接口所提供的功能他们都想搬上去，非得把订阅号打造成一个“变形金刚”，以此来满足他们所认为的“客户需求”。而当客户在订阅号咨询问题时，却发现几天都没有收到回复，反倒是上面各种各样的活动信息和广告天天都能收到。久而久之，客户开始反感，进而取消对该企业订阅号的关注，企业之前所有的营销工作就此白费，因为客户再也回不来了，再也不愿意关注你的订阅号了。

中小企业不仅是在订阅号的平台搭建上容易犯错误，在推广上也经常犯同样的错误，而且是陷入了恶性循环走不出来。例如，中小企业在线下的推广无非就是搞扫描二维码关注公众账号的有奖活动。线下扫码活动一度泛滥到满大街都是二维码，都是各种各样的微信有奖活动，有甚者还出动人力，扫街式地邀请客户扫码参与活动。这股“扫码风”刮过之后，线下再怎么搞有奖推广、创意推广也吸引不了客户的眼球和兴趣了。于是乎，各种微信硬件拉粉的工具出来了，中小企业开始了新一轮的追捧。微 Wi-Fi、微信照片打印机、微订单打印机等结合微信软件的硬件产品在市场上非常热销，而这些硬件工具的成本并不低，效果也是取决于客户的使用场景的。作为一个普通的消费者，在一个搭建了微 Wi-Fi 的餐厅里吃饭，偶尔关注该餐厅的公众账号，免费使用一下 Wi-Fi 网络，是一件很正常的事情。关键是餐厅的食物和服务很差劲的情况下，再次光临的可能性很低，更别说持续地关注该餐厅的公众账号接收广告信息了。因此，盲目地崇拜工具、追捧工具是众多中小企业操作微信营销时最容易掉进去的“坑”。

目前中小企业在公众平台应用上应该是首选服务号，通过服务号来逐步完善在线客服，对接业务流程，实施微信电子商务的试水工作。原来做订阅号那一套重推广、重活动的思想要转变过来——重内容，重互动，站在客户的角度去做服务号，长远地规划品牌在移动社交网络上传播的计划，注重用户口碑的营造。笔者相信，微信营销一定能够给精于耕耘的中小企业带来丰厚的回报。

第十章
微信整合营销及应用案例

邱道勇

一. 微信营销与企业其他营销方式的整合应用

“未来的营销，不需要太多的渠道，只要让你的产品进入消费者的手机，就是最好的营销。”营销大师克里曼特·斯通的经典名句被广泛引用。进入手机，意味着更精准、更快速的营销。微信营销无疑具备这样的特质。

微信上能进行营销的不仅仅是微信上的公众平台，还有微信里面的二维码、开发平台应用、LBS、漂流瓶、朋友圈等特性，每一样都能进行个性化的营销，根据需求也可以搭配不同的营销方案进行整合应用。

（一）微信与微博的多态互动营销

微信和微博是新媒体中两个特色营销平台，只是满足不同受众和用户群体的差异化需求。企业营销注重平台的品牌、功能的独特性。受众数量、平台持久性和用户黏性，以及微信的个性推送、圈子共享和保密性等特点为企业提供了新的营销道路。

微信营销虽然逐步进入企业营销战略的规划和实践中，但是基于对人员成本的考虑，企业不会完全放弃已有的微博营销平台而全线投入微信，就像不会完全放弃传统营销渠道一样。企业可以通过微博宣传微信二维码，提高关注度，实现用户平台间迁移或者双向流动。例如，凡客诚品在电子商务企业内一直以擅长微博营销著称，在微信账号推出初期，凡客旗下的各大微博矩阵已同步将微博头像改为微信二维码，既吸引了新的粉丝，又提高了微信账号关注度，达到营销双效。

微博与微信的多态互动主要是围绕微博与微信的重叠客户、QQ 用户与微信营销客户进行。新浪微博是明星和意见领袖青睐之地，而腾讯微博多是以平民活跃用户为主。企业可以根据自己的产品和品牌定位，选择走“精英营销”或“草根营销”路线，发挥已有的微博账号的优势，通过微信账号、微信活动的宣传，提高用户的迁移度，实现微博和微信的多态互动。

（二）“微信+微电影+微视频”的多媒体整合

互联网的发展及影像技术的创新进步都是国内以网络为载体的视频行业的发展机遇，截至 2014 年 6 月，中国网民规模达 6.32 亿[1]，为微视频、微电影等网络视频的开发创作提供了广阔的发展空间。

微电影一般都是和品牌相关的故事内容，是商业驱动下的专业化的制作，其和微视频一样，播放时长都较短。成功的微电影和微视频依靠清晰的画面、动听的话语及动人的故事情节来传递企业的品牌形象，同时还更多地考虑客户关注的情感所向、关注看完微电影和微视频后是否有感而发而加以评论，或者是否愿意在自己的微信圈子里与好友分享其中的品牌故事。“微信+微电影+微视频”的多媒体组合已成为企业微品牌营销的重要形式，也获得了观众和消费者的认可。

（三）“微信+网站”的资源整合

现在是移动互联网时代，就是将传统网页与移动互联网相结合，移动能上网，上网能移动。让客户时时刻刻都坐在笨重的台式电脑前登录企业网站，已经是不太现实的事情了。

微信公众平台账号的开发，实现了网站和微信平台对接。用户可以通过扫描二维码来添加朋友、关注企业账号；企业则可以设定附有品牌特色的二维码，通

1 数据来源：CNNIC 第 34 次《中国互联网络发展状况统计报告》，2014 年 7 月发布。

过微信公众平台，用折扣、优惠或者有特色、有创意的信息来吸引用户关注，开拓 O2O 的营销模式。

企业可以在公众平台每天群发一张经过精心设计的头图，加上文章的摘要。通过这种图文相结合的丰富内容，外加开发基于微信接口的手机版网站，向客户传递企业的信息。因为微信信息不能像传统网站那样放上超链接，所以，企业可以在“阅读原文”中放上超链接，这样既能给企业手机网站增加客户，也可以链接以前发送的微信信息。微信的点对点产品形态，使企业能通过公众平台上的互动精准地延续线下的产品推广服务，即时回复消息、进行活动策划等，从而实现微信与网站的资源整合。

二．企业微信营销经典案例解析

（一）小米手机微信创意活动粉丝聚集过百万

众所周知，小米手机凭借产品的精准定位，通过微博营销积累了大量粉丝，也让小米手机异军突起。在微信迅猛发展的 2013 年，小米手机同样把微信作为营销工具，短短 4 个月聚集粉丝超过 100 万。这 100 万的微信粉丝，为小米 2S 的上市热销，以及红米、电视盒子等产品的热销奠定了基础。

对于如何利用微信营销，小米早期也有迷茫期，后来明确定位为客服。小米微信每天接收的信息量是 30000 条，后台自动回复量每天 28000 条，人工处理消息量每天 2000 条。微信做客服为小米省下了短信费，一年至少百万元。小米还专门开发了一个技术后台，普通问题就是关键词的模糊、精准匹配，一些重要的关键词，如“死机”、“重启”，会找到相应的人工客服。

下面重点介绍一下小米手机如何短时间内聚集粉丝超过 100 万。小米最主要的粉丝来源于其自有渠道转化。主要通过两个方面来运作：一是广告推送，直接广告拉粉；二是活动拉粉。小米官网每周都有开放购买活动，在“点击预约”按钮下面，会有一个直接的二维码广告“关注小米手机微信”。

除了广告直接推送之外，小米还发起了两个大型营销活动。

一个活动是小米手机“非常 6+1”每天送出多个小米手机抢购码、30 张手机充值卡，最终排名前十位的粉丝还将获得小米手机 2、小米盒子及移动电源等大奖（如图 10-1 所示）。比较高的中奖率调动了微信用户的兴趣，活动结束后粉丝量 47 万多，新增粉丝 6.2 万，参与人数 21 万，总接收消息量 403 万。另一个活动是 2013 年 4 月 9 日“米粉节”微信抢答活动。活动开始前粉丝量 51 万，结束后粉丝量 65 万，新增粉丝 14 万，总接收消息量 280 万。

图 10-1　小米微信公众平台

除了自有渠道和第三方合作积累粉丝之外，小米也充分利用了新浪微博和腾讯微博的渠道。但是据小米对 100 万微信粉丝的数据分析，只有 10% 来自新浪微博和腾讯微博。

小米的案例再次证明，微信粉丝与微博粉丝区别很大，微信营销主要还是靠创意活动。微信粉丝进来之后，如何转化为现实的客户还需要小米以客服的心态和手段去“润物细无声”地营销了。

（二）储福记大闸蟹微营销盘活资源

常州千红酒业总经理储惜洲除了代理法国原装进口红酒之外，还与其弟弟在长荡湖上开了一家渔夫码头餐厅，同时养殖大闸蟹。

2013 年，受国内经济环境影响，大闸蟹销量下滑明显，加上阳澄湖大闸蟹的品牌影响，常州的大闸蟹即无品牌，又乏竞争力，尽管肉质鲜美，口感甚至超过阳澄湖大闸蟹，但销售依然不理想。

2013 年 7 月，储惜洲参加了深山老林集团的微营销总裁运营全案班，课程结束后立即组织实施微营销。

首先，建立公众微信账号，在公众账号不定期推出如何吃螃蟹、螃蟹与健康、吃螃蟹的典故、海鲜的做法、蟹的趣味故事等内容。

其次，安排助手以自己的名义自建和主动加入多个微信群。储惜洲担任常州多个商协会的副会长，积累了大量人脉，具体表现为他个人及公司拥有数万张名片。他安排助手通过手机号码加微信、邀请入群、参加创意活动等形式，将搁置的资源重新盘活。添加这些微信好友后，按照行业类别分群。仅通过微信群，2013 年中秋节大闸蟹销售 500 余箱。

再次，邀请常州美丽隆传媒集团王云华董事长为其策划拍摄微视频。

最后，将微创意活动融入其中，如“到渔夫码头吃霸王蟹”、“双十一邂逅储王”等活动，将线上资源和线下资源充分整合。

储福记大闸蟹通过实施微营销，一个 3 人的团队，已经让储福记大闸蟹在常州初具品牌。除了员工工资，在几乎没有任何成本投入的情况下，2013 年 10 月，储福记养殖的数万只大闸蟹销售一空。最重要的是，储惜洲通过实施微营销，手上已经直接掌握了数万精准客户的信息，并搭建了一个良好的平台，其价值不是数万只大闸蟹能够媲美的。

（三）螺蛳粉先生：小本创业

“螺蛳粉先生”是 2010 年在北京开的一家专卖螺蛳粉的实体店。开店时条件很简陋，在海淀区蓟门里小区一个菜市场的小铺面里，只有 5 张桌子，连创始人马中才一起只有 4 个员工，投入的资金也不到 10 万元。开业没多久，生意就大火，平均一天卖出 400 碗，3 个月内就收回了前期的 10 万元成本。2013 年首度涉足电商，更是在半年时间里将网店做到了“两皇冠”，在螺蛳粉行业里排列第一。其发展速度在国内来讲，可以算是食品行业在电子商务平台的一个奇迹。

因为实体店的名气不小，所以淘宝店一开张就非常火爆。当时产品供不应求，员工天天加班，13 天就卖了 10000 碗。延续实体店的做法，电商也主要做螺蛳粉这个品类。因为实体店的成本太高，所示，电商主要做的是螺蛳粉的真空包装及各种配料。

生意如此火热，很大一个原因在于马中才善于利用微博。

马中才对于螺蛳粉的顾客定位是不爱做饭的年轻人。他在微博上开设了“螺蛳粉先生家的顾客”这个栏目，用微博记录店里好玩的顾客和好玩的事，有温暖的、搞笑的、煽情的，这很快吸引了一些“文学吃货”的目光。而且，他还用微博做了一系列的促销活动，如赠送话剧演出票、发微博截图就可参与团购优惠，鼓励顾客拍下店里的螺蛳粉成品照放到微博参加互动。甚至有一年端午节的时候，其家人包的粽子都统统送给了顾客。这些举措为马中才的“螺蛳粉先生”赢来了众多的新老客户。

这位创业者还有另外一个身份：青年作家，第七届全国新概念作文大赛一等奖得主，中国作家协会会员。

作为作家，圈中好友常常在店里聚会，作家柏邦妮、蒋峰、蔡骏、吴虹飞，美食家陈晓卿等微博红人，都是“螺蛳粉先生”的常客，饕餮一番之后，难免要在微博中晒晒。马中才说：“每当有‘大 V’‘@’了我，当天的粉丝数都会有 100 以上的增长。”随着“螺蛳粉先生”越来越火，名人效应愈发明显，越来越多的人通过微博知道了“螺蛳粉先生”。

在网上卖螺蛳粉，也不是一个新奇的产业，在马中才之前就有很多家，在他之后就更多了。但是“螺蛳粉先生”在如此短的时间内就获得了令人瞩目的骄人业绩，令同行拍马不及，马中才是如何做到的呢?

“螺蛳粉先生”的创始人马中才总结了营销成功的原因：首先，实体店生意和口碑都很好，赢得了一部分忠实的顾客群体；第二，采用微博作为宣传的载体，这些忠实的顾客都聚集在马中才的微博里，关注马中才的微博，并且经常互动，80%的客人是从微博上知道这家店的；第三，有些“大 V”朋友帮忙吆喝，他们有着更大粉丝群体，所以宣传面就广了很多。但归根结底，还是要确保品质。只有回头客多了，生意才能稳定；只有口碑相传，生意才能越做越好。

电商有很多花哨的营销手段，但任何营销的基础都是产品质量。很多人本末倒置，只重营销，不重产品质量，这是不可取的。“我想，我只是在对的时间做了一件对的事情。”马中才如是说。

即使是同一件商品，不同的厂家生产出来，都是有一定区别的。同一个配方，不同的人、不同的环境和不同的原材料，都会做出不一样的味道。作为成功打造了“螺蛳粉先生”这个微品牌的普通企业，马中才最常做的事是尽可能为顾客着想，站在买家的角度分析问题。

“螺蛳粉先生”给中小企业的启示如下。

首先，中小企业一般规模较小，财力、物力、人力各方面都很薄弱，低成本的微营销作为营销手段就非常合适。因为微博、微信等是一个开放性的社会化平台，不需要付广告费，还可以通过搜索的方式精准地找到目标用户。

其次，餐饮服务业通常都会和用户高频接触，接触中的趣闻轶事可以直接拿来作为营销的内容，增强用户的黏性。

最后，微营销的互动也是可以学习的。一方面可以让用户认可品牌和产品；另一方面可以根据用户的反馈，及时地完善自己的服务和产品，不断提升品牌质量，实现良性循环。

（四）和士秀：小微企业的出奇制胜

“和士秀”只是一个绝对小众的面膜品牌——一位护肤品专家自用的配方，最初只是供圈中好友试用，却悄无声息地在达人和专家圈流传开来。2013 年 12 月上线销售，从无到有，销量一路攀升，且好评如潮。截至 2014 年 4 月，销售额达 300 万元。是什么让和士秀在短时间内取得了如此骄人的销售业绩呢？

1. 重新定位，产品出奇制胜

随着移动互联网的兴起，线上、线下资源的整合，面膜行业近年来忽然迎来一轮爆发式的增长。2013 年，面膜产业保守估计 350 亿元，众多自主品牌看到机会，短短两年时间内，面膜市场就涌入了大量新晋品牌。互联网是个创造奇迹的地方，大型企业可以通过定位、请明星、上电视做广告大肆推广品牌，与有“后台”的大企业相比，小微企业在推广与运作上捉襟见肘。

“和士秀”的创始人王诗剑也看到面膜产业的巨大机会，但他没有急着进入市场。因为所在平台的特殊性，王诗剑每天有大量的机会接触市面上的新老产品，所以，他一边试用，一边研究属于自己的面膜样本。

“这个市场不缺面膜，更不缺好面膜。”王诗剑创立“和士秀”时已经非常清楚自己要做什么。“产品上我有绝对的信心，产品是一切的根本，不过关键不在这里。”他有底气这样说，是因为“和士秀“诞生时已经历过上百次打样，并提前铺货美容院和整容医院。

确保产品处于一定的优势地位，定位才是关键。“和士秀”最终选择“内行，不解释”作为对定位的诠释：“你问我们与雅诗兰黛有什么不同？可能我们的产品比他们的还要更好，但消费者是不懂区分的。”“和士秀”的定位在精神层面上，避开了与传统强势企业在产品层面上无休止又毫无意义的竞争。

2. 渠道优化，线上分销发力

在电商的冲击下，线下终端门店的日子并不好过。“引流款”的面膜利润摊薄，甚至没有利润，利润高的产品则多是“山寨”品牌，很难保证质量与售后。但是，线上也未必是沃土。线上主流商城早过了爆发式增长期，已经开始短兵相接，靠各种促销方式攫取微薄的利润。

“不是‘和士秀’需要这些渠道，是这些渠道需要‘和士秀’。”王诗剑表示，线下终端需要有利润空间的“引流款”，线上渠道则需要自主品牌来避免同质化竞争。如果到此为止，那么“和士秀”也不过是诸多涌入面膜市场的小品牌之一。具体到执行层面，“和士秀”采取了一些异于竞争对手的战略。

在线下，“和士秀”进店速度非常缓慢。“我不准备做超出我控制范围的事。”王诗剑每进一家门店都小心翼翼：“我需要评估他们对品牌的态度，另外做些测试。”王诗剑通过试点进一步完善了售后与激励体系，却一反常态地终止了与几家大型连锁门店合作。

“终端的表现是我们品牌与消费者最直接的接触，大型连锁门店制度性的傲慢只会伤害我的品牌。”小微企业总是容易找到市场的切入口，但少有企业能懂得集中发力与适度扩张的重要性。

与此同时，线上的微分销却开始爆发。由于微分销对品牌的感情不同，在终端上呈现的品质自然与店面截然不同，于是，王诗剑决心在线上分销部分发力，有针对性地输出物料，进行基础知识培训，完善整个售后体系，为微分销商解决疑虑。为何不考虑大的线上分销？还是老问题——制度性的傲慢对品牌只有伤害，而微分销因为积极传播品牌，帮“和士秀”在短时间内打开大量市场，获得了可观的知名度。

3. 信息精化，传播反其道而行

“能让脸唰一下变白的，都不太健康，比如油漆，比如惊吓。”“皮肤的新陈代谢周期是 28 天，和士秀深知什么可以让脸快速变白，比如铅、比如汞，但是那些只会让皮肤更差。”这些广告语在微分销的推广下迅速发酵。比起正面宣传的不痛不痒，“和士秀”更喜欢通过反向的思维方式来给消费者留下印象——平庸的好有千种说法，而有个性的指责却独一无二。

销售记录清晰地说明，但凡骂过的最后会买。“和士秀”的产品经得起市场的检验，不认同观点的人想挑刺，反倒被产品折服了。

在这个信息爆炸的时代，每一分广告费都要有它的目标。王诗剑把传播分成“对消费者”、“对经销商”、“对合作方”三块，再细化分解，直到能具体到特定人群，“如果一个广告的人群是 25 岁至 60 岁的白领，那它就等于什么都没说。”

企业规模不一样，市场不一样，技术不一样，适用的营销方式就必然不一样。这个道理很朴素，但能想通并贯彻的老板却很少。与其跟风谈论“互联网思维”，不如仔细审视自己企业所处的位置，找到更合适的营销方式，这大概是典型的小微企业和士秀的取胜之道带给我们的最大启示吧。

（五）佳沃鲜生活：“鲜”声夺人的微信第一水果店

苏轼的“日啖荔枝三百颗，不辞长作岭南人”，杨贵妃的“一骑红尘妃子笑，无人知是荔枝来”，为的都是一个“鲜”字。中国人对“鲜”这个味觉的极致追求历来就是传统的美食文化。

2014 年 4 月 15 日，中国第一家实现微信支付的水果店“佳沃鲜生活”微信商城低调开张。“佳沃鲜生活”的运营意味着消费者可以买到新鲜、安全、实惠的水果。消费者只要在“佳沃鲜生活”微信商城下单，使用微信支付，就能收到顺丰快递从产地直送到家的蓝莓鲜果。

在移动时代，即使不作“岭南人”，我们每个人也都可以是“杨贵妃”。

1．高端水果：三全战略

每个人都能成为“杨贵妃”，这个逻辑得从产品讲起。无论供应链如何强大，其实对于产品而言，最根本的还是产品本身。尤其是在今天，当各种“毒”食物让人心惊肉跳之时，安全、放心的农业才是品质的保证。

当前，传统农业正因为IT信息技术而发生巨大改变，从联想控股孵化出的佳沃农业，科技基因已经成了其核心。联想控股高级副总裁、佳沃集团总裁陈绍鹏改行当“农民”后曾经反思：“接触农业后我深刻体会到，农业与 IT 高度关联，比如佳沃的全程可追溯系统就让IT技术得到了充分的发挥。”

“全程可追溯系统”是佳沃“三全战略”最重要的一部分。全程可追溯系统从选育、种植开始，到采摘、筛选、品控，再到物流、终端等产业链，对每个环节都进行有效的运营和管控。

事实上，以IT技术为支撑的追溯系统已成为农业及食品行业保证安全的基石，包括佳沃在内，农业及科技企业都让生产变得更透明。RFID等技术也让农产品有了“身份证”，消费者用智能手机扫一下二维码，就能轻松地了解入口的每颗蓝莓、每个柳桃、每个车厘子的前世今生。

科技融入农业后，业界所关注的食品安全、产业链粗放低效等问题正逐步得到解决。而随着云计算、大数据、移动互联等技术的发展，“安全看得见”已经是农业的核心要素。

全程可追溯系统，其实是把工业的管理思想转移到农业。在工业上，从来料开始，所有的物料都有编码，最后合成一个产品，这个产品包含了生产及物流等环节的所有信息，而且每个环节都是可管理的。

2．冷链供应：与顺丰合作

好产品，从种植开始。对这方面，佳沃与陈绍鹏付出了很多心血之后，才在

2013 年 4 月第一次推出了蓝莓产品。随后，柳桃、车厘子等高端水果相继上市。

水果这一产品，尤其是“鲜”的口味，供应链如果跟不上，那等于是“白菜烂在了地里”。“鲜”的背后，凸显的就是一个“快”字。移动互联时代，手机微信营销之所以火爆，当然与方便、快捷有关。微信支付加入之后，形成闭环销售，这无疑是快捷的保证。佳沃为了“鲜”，在冷链物流上选择了一个强势合作伙伴——顺丰。顺丰优选，很多人都已经熟知，是 2013 年 5 月顺丰推出的食品生鲜网购商城，全程冷链配送，确保生鲜食品的新鲜品质。

生鲜食品一直占据着“顺丰优选”品类第一的位置，冷链物流也是其着力打造的方向。位于北京市顺义区的顺丰优选冷链仓库占地将近 1 万平方米，可满足 -60℃ 至 30℃ 的冷冻、冷藏、常温及恒温恒湿商品的储存需求。加上顺丰的物流配送优势，用户第一天下单，第二天即可收到货物。

无独有偶，2013 年“顺丰优选”推出不久，顺丰就在京城十大地铁站派送 1.3 吨直采荔枝“妃子笑”。这款产自广东增城的“妃子笑”在顺丰优选官网售价为 158 元（2500 克），仅物料一项就要花费近 10 万元。大手笔透露出的是初尝电商滋味的“顺丰优选”对京城水果大战的志在必得。

与这样一个强势合作伙伴结盟之后，佳沃蓝莓就可以保证“48 小时内由产地直送 60 个城市”。术业有专攻，佳沃负责生产高品质水果，顺丰负责冷链运输，不仅保证的是消费者对美食的追求，从行业的角度来看，这也是分工化合作的典范。

3. 蓝莓众筹：情感信任营销

佳沃蓝莓是联想控股农业中非常重要的部分，下了很大的功夫去做，尤其是新媒体营销方面，更重视的则是微信营销，这在传统企业中是不多见的。在上一次的“报暗号送代金券”活动后，这次的蓝莓众筹非常突破，规则简单，结果有效，最重要的是，其中包含社交、众筹、微信支付多个环节的整合，堪称微信营销的重大突破，对整个 O2O 及移动互联产业都有着深远的影响。

蓝莓众筹是佳沃在微信公众平台做的一个项目。在“佳沃鲜生活”公众号中，找到“求蓝莓”一项，然后点击生成页面，分享到朋友圈，就可以求朋友帮忙付账了。朋友付账可以任选金额，满额后填写地址就可以送货了。如果不满额的话，自己可以补足差价，一样可以成功完成购买。这个活动给人的感受非常像红极一时的微信红包，朋友圈中的朋友出于对自己好友的喜爱，给个三五元钱也都是无所谓的，而积少成多后，就可以换到最好的“盛夏亮眼莓”，还可以看到替自己付费的朋友的留言，感觉非常温馨。

其实，朋友圈的营销是一种情感营销，是基于信任的营销。但现在很多人都把朋友圈当成了生意圈，在其中简单粗暴地推销自己的产品。有些商家在朋友圈营销，获取了极大的收益，也交到了更多的朋友；而有的人却因熟人“生意”断绝了朋友关系，得不偿失。

目前，在微信上销售产品是一个大胆的尝试，重要的不是卖货，而是通过这种方式与更多的高品质用户建立联系，培养出自己的消费粉丝群。这些忠实消费者的价值，在未来才是最珍贵的。因为他们信赖你的品牌，那么也会拉动其他产品的销售。佳沃蓝莓的这种分享和众筹，让用户参与到整个营销事件的传播中的做法，不但实现了销售和品牌的双丰收，还能使用户在购买过程中体会到乐趣，体会到朋友之间的关爱，可以说是朋友圈营销的新突破。这种方式值得微营销领域的企业借鉴和实践。

（六）顺丰嘿客店：第四种 O2O 模式

速度快、价格高一向是顺丰的标志，而以商务快件为主的早期定位，也使顺丰成为快递业内的“高大上”。近期，顺丰抛出的“同城 8 元、跨省 12 元”惊爆价，让其一举招揽了不少电商中小卖家。在实体商争相发展线上渠道的互联网时代，电子商务产业链末端的快递标杆企业顺丰却在社区内大开门店。

2014 年 5 月 18 日，518 家顺丰新一代便利店“嘿客”，在除青海、西藏以外的全国各省、市、自治区开业。

目前，国内零售行业的 O2O 模式主要分为 3 种形式：第一种是以天虹、银泰为代表的通过微信、微店、电商多种渠道引导消费的 O2O；第二种是以万达为代表的会员化管理模式，让 O2O 服务所有的会员，做放大的会员管理；第三种称为反向 O2O，如京东、天猫等电商企业向线下实体渠道延伸。

而顺丰嘿客开业后，可以称为第四种 O2O 模式。

虽然零售行业的 O2O 模式曾一度引发资本市场的热捧，但到 2014 年 6 月，国内零售行业尚未找到一个真正成功的O2O案例。

顺丰嘿客店的O2O商业模式，基于顺丰本身的物流网络、客户网络比较成熟，而且其服务理念比较好。顺丰这种由物流切入零售终端的O2O模式，打破了很多零售行业的条条框框，具有超前性。

此次推出的顺丰嘿客便利店，与之前“快递+便利店”的模式有诸多不同，其兼具多种功能。例如，嘿客标配JIT预约服务，顾客不用支付货款即可向商家预约，线上下单订货后，顺丰会将预购商品送到门店，消费者就可在店内对购买产品进行试吃、试穿等体验，体验后无论购买与否，配送均由顺丰承担。除快递物流业务、虚拟购物外，嘿客还具备ATM、冷链物流、团购/预售、试衣间、洗衣、家电维修等多项业务，用以完善嘿客的社区网购便民生活平台。

不过，顺丰嘿客的重头戏是能够为消费者提供网购O2O体验服务。

走进嘿客店面，没有常规便利店摆满现货的陈设，取而代之的是满布墙上的印有二维码的海报和商品信息图片，以及多台触摸电子屏，展示的商品从生鲜到服饰到数码家电，一应俱全。消费者扫描二维码后，手机页面直接跳转至该商品的官网和旗舰店。目前，除了顺丰旗下的顺丰优选之外，还有康佳电视、红蜻蜓、五芳斋等品牌与嘿客达成合作。凡是通过扫描店内二维码进行购买的，消费者能享受比电脑端优惠的价格。其模式与英国最大的O2O电商Argos十分相似。不过和Argos不同，虽然是便利店业务，顺丰跨业态发展万变不离物流，始终都以快递物流业务为基础。嘿客除试穿试用的样品外，零库存的设计也是基于顺丰自身所具备的快速物流基础。没有仓储压力，设有收银员、理货员，还节约了展示空间，门店的运营成本是社区便利店的零头。

由于目前所有店面处于试运行阶段，嘿客只支持线下付款。也就是说，消费者在扫描二维码、浏览商品信息之后，需要将想购买的产品告诉店员，由店员手动下单，消费者线下支付，商品将以快递的方式配送到家。

如果在大型社区各主要入口设立嘿店，男主人开车回家路过，挥舞手机一扫二维码（甚至可以不下车），人到家刚刚坐定，一箱啤酒已经送到。实体店还将起到招牌、广告的作用，让顺丰App成为该社区最流行的手机应用。

众所周知，在冷链宅配中，“最后1公里”目前是行业的痛点所在。例如，有时业主不在家，产品配送到了，随着时间的推移，包裹内温度升高，产品变质，从而造成了不良的用户体验及损失。生鲜电商要做到“量”，只有整合现有的实体蔬菜水果店，才有可能实现。这就为生鲜领域提供了一种新的发展模式。简言之，通过线上和线下的广泛合作，实现专业化分工，才是生鲜电商O2O新模式的灵魂。也就是说，生鲜电商必须做O2O才有未来，这几乎成为业内的共识。

其实做生鲜难题还有很多，现在人们对生鲜的购买大部分还是在体验基础之上的，挑挑拣拣、货比三家的消费习惯决定了做生鲜电商单单解决配送难题还是不够的。未来的商业，线上线下是相互融合的，而便利店最接近消费者。顺丰优选一直着力打造冷链物流，此次借“嘿客”进军O2O，既是物流与便利店模式的一种结合，也是希望通过实体便利店打造完整的O2O闭环，用O2O解决“最后1公里”的配送问题。

顺丰嘿客店开创的第四种O2O模式，不仅为旗下顺丰优选网提供了线下卖场，更为众多电商打造了展示平台。作为电商行业“最后1公里”的顺丰，大举布局电商业务的意图已十分明显。未来顺丰这种打通O2O环节的便利店模式，可能会得到资本市场的青睐。王卫给小店起名为“嘿客”，以高度拟人化的名称体现顺丰对社区服务的整合的同时，也从另一面揭示了其颠覆目前模式之心。

第五部分

产业篇

第十一章

OTT 与电信运营商合作共赢模式探讨

互联网实验室

移动互联网的兴起催生了层出不穷的 OTT 服务，微信、陌陌、米聊、Skype 等 OTT 正汹涌来袭，用户的兴趣焦点逐渐向 OTT 服务转移，以微信为代表的数据密集型 OTT 发展日趋繁荣。尽管许多 OTT 服务商尚未找到明确的盈利模式，但这些业务却对电信运营商的现有业务形成了替代和分流，迫使全球运营商的营收模式从语音业务向流量业务转型。从整体市场来看，移动数据的消费呈增长态势，移动数据市场需求仍然很大，电信运营商和 OTT 的合作成为不可逆转的趋势。

一. 全球运营商和 OTT 层级合作模式

面对 OTT 的汹涌来袭，世界各国电信运营商意识到复制 OTT 服务难以取得成功，就与 OTT 进行了纷繁复杂的博弈。事实证明：进行合作、实现共赢是大势所趋，国际上 OTT 服务供应商与运营商之间的深度合作早已经流行开来，合作模式也正在走向成熟，突出表现为四种不同的层级合作模式。

从业务层次来看，运营商与内容商合作，推出内容类 OTT 业务，增加用户数据消费。德国电信基于自身网络推出了德国甲级联赛的高清晰度 IPTV 产品 Liga Total，已经将成长于宽带网络的内容嫁接在移动网络中，此外，还独家签约 Spotify，为用户提供免费音乐点播平台。百度与全球领先移动运营商 NTT DOCOMO（DCM）

于 2011 年共同成立合资公司百度移信，共同搭建移动正版化内容及服务平台，通过自建内容及第三方合作的形式，为用户提供包括图书、游戏、动画及漫画在内的正版移动内容服务，并帮助版权方从这些内容中获得丰厚的流量及资金收益。

从策略层次来看，数据密集型 OTT 产品的迅猛发展深刻冲击了电信运营商。与微信类似的 OTT 产品对电信运营商的冲击最大，迫使运营商的主营业务从语音经营向流量经营转移，电信运营商拥抱 OTT 产品成为不可逆转的趋势。国际上，电信运营商和与微信类似的 OTT 产品的合作方式主要表现为流量套餐、拨号优惠、合作推广服务、计费合作等。

电信运营商和 OTT 业务合作推出低价甚至免费的 OTT 应用流量套餐，以拉动流量消费和吸引用户（如表 11-1 所示）。2012 年 9 月，和黄 3 与 WhatsApp 合作推出 WhatsApp Roaming Pass；2012 年 11 月，印度 Reliance 推出 WhatsApp Plan 数据套餐；WhatsApp 和德国移动通信供应商 E-Plus 合作生产一款手机卡。

表 11-1　电信运营商与 OTT 产品合作

合作主体	和黄 3 WhatsApp	WhatsApp KPN 旗下的 E-Plus 集团	印度 Reliance WhatsApp
合作产品	WhatsApp 漫游通行证；WhatsApp 数据组合	将在德国推出联合品牌业务（手机卡）	WhatsAppPlan 数据套餐
资费情况	每月$1（HK$8），可在香港和国外免费使用 WhatsApp 图片与位置分享服务，用户数据流量不受漫游影响	不计算使用 WhatsApp 服务所造成的数据量	每月$0.30（INR16），可无限访问次 WhatsApp 和 Facebook，无须支付额外数据费用

合作推广服务也是电信运营商和 OTT 合作的方向之一。日本第二大运营商 KDDI 的推广服务平台 AU Smart Pass 涵盖了 500 款应用，用户每个月交 4.7 美元可不限流量使用其中的应用。2012 年 8 月，LINE 成为该服务中的一款应用。运营商 KDDI 与 LINE 的合作，通过应用服务包 AUSmartPass 推广付费业务，形成利润分成机制，也创造了新的商业收费模式。

2013 年 5 月，日本第一大通信运营商 NTT Docomo 和 LINE 通过拨号优惠的模式开展合作，联合推出在 Android 平台上使用的一款定制版的 LINE 应用。该应用内置直接通过 Docomo 网络拨打电话的按钮，如果用户在 LINE 的资料页中添加电话号码，那么他将可以直接在 LINE 中获取普通免费通话（或者基于 VoLTE 提供的更高质量的通话服务，但相关的通话要收取费用）。同时，Docomo 利用定制版 LINE 进一步推广，使更多用户逐步接受 VoLTE 这种高质量的通话服务和 LTE 手机。

实施计费合作模式最具代表性的是韩国通信应用 KakaoTalk 和印尼最大运营商 Telkomsel 的合作。韩国 KakaoTalk 在国际化扩张路线中一改与本土运营商之间紧张的关系，2012 年 12 月和印尼最大运营商 Telkomsel 展开计费合作，印尼当地的 iOS 和 Android 版 Kakao 用户能通过扣除话费积分来购买应用里的表情贴图和主题。

目前，主要国家的电信运营商和 OTT 均有不同的合作方式和不同的资费情况，如表 11-2 所示。

表 11-2　各国运营商和 OTT 的合作表现

国　家	美　国	英　国	德　国	韩　国	中　国
合作主体	美国电讯公司与 WhatsApp、Gtalk 等语音通话软件	沃达丰与 WhatsApp 等	德国电信、沃达丰和 O2，以及 WhatsApp、Skype 等	SK、KTF 与 Kakao	中国联通与微信
合作方式	文字、语音全免费	从收费到不收费	短信全免费，语音有限制	采用流量制	联合推出微信沃卡
资费情况	安装时收一次性费用	收费规定被抵制	德国电信根据套餐界限决定是否收取语音通话费；沃达丰和 O2 不限制	包月一定金额和相应流量的用户才能使用 3G 免费电话功能	收取套餐外流量费

从战略层次来看，运营商通过与应用开发商合作，重塑核心业务，为用户创造独特价值。运营商 Sprint 与应用开发商合作开发应用，让用户用名字来代替他们日常使用的手机号，个人用户可以更方便地管理联系人信息；商业价值方面，

利用应用直接拨打商户电话，而无须记录在通讯录中。2014 年 1 月，网秦与 Sprint 公司合作，将在 Sprint 所有新的安卓智能手机上向用户推出基于网秦 NQ Live 的新一代 Sprint ID 服务——Sprint Live。其合作战略重点是手机动态壁纸服务，Sprint 用户不用打开应用，就能直接在手机桌面直接体验动态壁纸所带来的与众不同的互动体验。

从顶级设计来看，开放基础资源端口，打造新开放平台——生态圈。2010 年 9 月，Verizon 开放 20 个网络设施 API，包括位置、信息、网络，开发人员可以直接对 Verizon 的网络基础设施进行调用，设计新的应用产品。2010 年年底，已有 5000 名开发人员申请了使用 Verizon API 开发应用程序。Verizon 以基础网络资源为核心的自建应用程序商店 V Cast ，通过开放端口聚集应用开发者，集成终端制造商的生态体系初见雏形。网秦与 Sprint 公司合作的战略目标是形成 NQ Live 生态系统，引导应用程序开发者、广告商和内容供应商来扩展用户的体验，使其可以自定义其设备。

二. 微信与国内电信运营商的合作

以智能手机为代表的移动智能终端的快速发展促使消费者的行为习惯不断发生变化，也推动着与手机特性相契合的网络应用数量的增长，消费者的触点开始不断向应用转移，数据密集型 OTT 应用的快速发展给电信运营商的传统业务带来了深刻的冲击，国内电信运营商中国联通开始和微信展开业务合作。

（一）微信和中国联通推出微信沃卡

“微信收费”事件一度使中国电信运营商和微信剑拔弩张，面对以微信为代表的 OTT 服务的快速发展，三大电信运营商采取不同的态度：电信和网易合作推出“易信”，持抗衡态度；中国移动对于微信等 OTT 持抵触情绪；中国联通态度最具亲和力，率先向 OTT 厂商抛出橄榄枝，2013 年 8 月和腾讯微信合作推出微信沃卡。

联通与腾讯的合作形式为定制 SIM 卡“沃卡”，并初步在广东省推出。微信沃卡包含4种提供免费语音通话时长及数据用量的不同组合套餐，定价分别为66元、96元、126元、156元（人民币）。这些套餐处于联通3G资费组合中的低价格位，其战略消费人群是学生。微信沃卡由腾讯和联通提供五大功能：提升50%的群组容量（从40人升级到60人）；个人专属表情；访问腾讯的支付平台；300MB的微信定向流量；腾讯游戏应用程序的访问。

微信沃卡由于资费优惠，且推出了大量微信特权，受到用户的热烈欢迎，同时也为广东联通带来了大量用户。如图11-1所示，广东省2013年第三季度联通移动用户的市场份额呈现上升趋势，9月移动用户市场份额环比增长0.5%，而中国移动9月的用户市场份额环比下降1%。腾讯微信与广东联通合作推出的微信沃卡让中国联通初尝甜头，陕西联通、浙江联通、江苏联通也相继和微信合作，国内运营商与OTT走向广度合作。

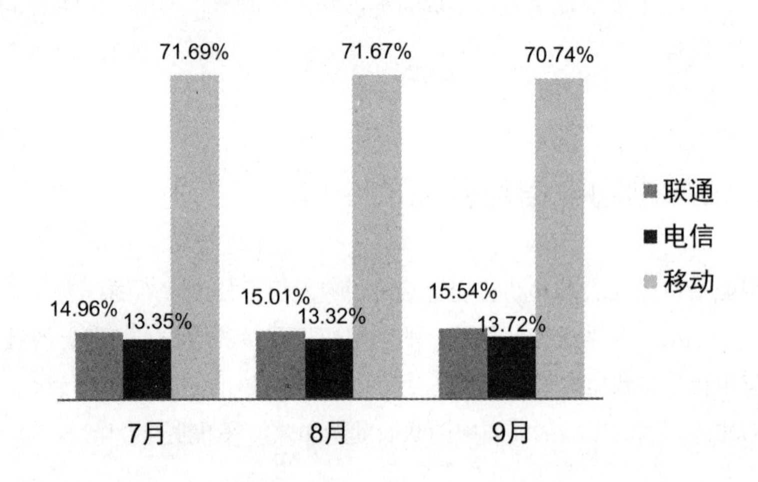

图11-1　2013年7月至9月广东省移动用户市场份额

资料来源：互联网实验，2014年8月

（二）微信和中国联通电话导航业务牵手

2014年4月29日，联通和微信联合发布116114商旅微信公众号。

微信是我国最具影响力和生命力的移动网络社交平台。目前，移动互联网的快速发展正在推动机票预订行业转型，微信的预定公众账号处于起步期，但还没有出现标杆性的企业。联通抢占先机，推出116114商旅微信公众号。联通联合各航空公司、保险公司等，利用自身的3G/4G移动网络，向用户提供一站式的商旅服务体验，用户可使用社区化、移动化的方式预订机票。

联通116114商旅微信公众账号运营团队了解用户习惯和用户需求。116114商旅微信公众账号根据用户的消费特征推出相应的优惠政策，如用户可享受赠送的200MB流量、航班延误、特价机票及特殊优惠服务等；微信团队开放的语义分析系统也运用于商旅微信公众账号中，通过用户的语音进行语义分析，根据用户的需求进行机票预订工作。

116114 商旅微信公众号将不断推进联通与航空公司及产业链上/下游企业、OTT 等相关企业跨界合作，同时也意味着联通的传统呼叫中心开始试水与微信社交软件的结合，探索向移动互联网的转型，开创并发展新的商业模式。

三．微信与联通合作，实现共赢

微信和联通的破冰合作打破了我国电信运营商和 OTT 剑拔弩张的紧张关系。优势资源的整合和利用是实现共赢的前提条件，联通和微信初试水推出的微信沃卡，不管是在象征性意义还是在实际意义上都起到了巨大的作用。微信和联通的合作顺应了时代发展的潮流，也引领了中国电信运营商和OTT合作的趋势。

（一）微信获利

对于微信来说，合作的开展提速了其商业化进程；联通的资源支撑和拓展了其增值服务或业务，一定程度上也会缓解运营商给微信施加的压力。

1．商业化提速

随着移动互联网的发展，用户消费习惯的转移，微信逐步成为腾讯新的战略重心，联通和微信合作推出的免费定制流量套餐的初试水业务产品初步取得良好成绩，为腾讯研发新产品并投入市场提供了土壤。另外，微信实现盈利还是需要依靠其增值服务，从商业化路径来看，基本思路是积累用户，搭建平台，通过不断的尝试找出最合适的商业模式。

目前，微信已经积累了数亿用户量。互联网时代的商业模式相较于互联网产品创新度较低，腾讯及其他网络社交平台的商业模式清晰、成功，也比较容易复制，流量资源为微信通过增值服务等方式提速其商业化进程提供了条件。

2. 拓展增值服务或业务

联通为微信提供了流量资源，为微信通过商业模式实现盈利提供了有利条件。微信可以继续拓展增值服务功能，它事实上可以成为一个手机游戏平台。游戏一直就是腾讯的“现金牛”，继续在腾讯擅长的虚拟业务，如游戏、音乐、视频、表情等方面发力，这也是微信实现盈利的最高效模式。另外，流量资源的支持也会推动微信支付的发展。O2O 是微信支付的发力点，也是微电商发展的关键和趋势。O2O 是基于虚拟商品的交易完成的，优惠券、会员卡、乃至团购业务，都可以在微信上进行运营，微信支付连接的就是线上的购买和线下的消费。最后，微信可以利用流量资源拓展新的业务。作为用户量规模最大、流量资源需求较多的移动社交平台，微信和联通联合推出免费定制流量产品，其他 OTT 产品会选择和微信合作，腾讯打造出的轻量版的应用宝和微信绑定，各类型公共账号和轻量级的应用就可以利用微信进行推送和服务。

3. 缓解运营商给微信带来的压力

微信短期之内获得数亿用户，成为中国最具市场竞争力的 OTT 产品，微信如何盈利、是否收费成为公众关注的焦点。以智能手机为应用平台，微信的发展需要强大的流量来支撑，一定程度上造成了流量的拥堵，不仅占用电信运营商的“信令资源”，同时也给电信运营商的传统业务经营带来了强大的冲击，迫使电信运营商向微信施压。三大电信运营商对以微信为代表的 OTT 态度不一，通过和联通的合作，微信表示出微信基本功能不收费的态度，两者的合作也为其他电信运营商和 OTT 的合作提供了样板，一定程度上缓解了运营商给微信带来的压力。

（二）电信运营商获利

合作在给微信带来一定的利益的同时，联通也在享受微信带来的利益和机遇。

例如，微信带来的可观的用户量；一系列的营销资源和营销平台；联通可通过和微信的合作，对大数据资源进行挖掘和分析，实现精准营销；探索互联网环境下新的商业模式。

1. 微信带来可观的用户量

中国联通和中国移动相比，市场份额较小，联通若想在3G用户上取得优势，微信作为最受欢迎的合作伙伴成为合作的最佳选择，在同其他电信运营商在用户市场竞争中也会有一定的竞争力和吸引力，而微信可以为中国联通带来可观的用户量。另外，用户的消费习惯不断发生转移，也更加挑剔。联通目前所提供的服务在用户体验和功能上都比微信更弱势，联通需投入高昂的成本来提升服务质量。联通和微信开展合作可以吸收微信的优势资源，对培养用户习惯，提升用户黏性均有很大的作用。

2. 腾讯平台下丰富的营销资源

联通和微信合作，除了看中潜在的可观用户量，还有腾讯平台上的营销资源，此次负责微信沃卡放号发卡的易迅网已成为广东联通的渠道商。此外，微信和联通合作可推出折扣和优惠产品，也可在微信商城中出售相关产品，生活信息类的合作还包括门票、旅游、美食、院线、酒店、机票优惠等方面。

3. 进行数据挖掘，实现精准营销

电信运营商通过与微信合作，可以更好地获取和整合数据资源，可以通过公众对微信的使用情况进行实时分析、定位分析，增强社会化客户管理效果、应急能力、网络质量等。同时，进行对大数据的挖掘，对大数据资源进行精准分析，分析潜在客户资源及其特性，对潜在客户定向免费推送产品，实现精准营销，推动业务发展。

4. 探索新的商业模式

联通和微信的握手是强强联合的行为。中国联通通过合作，整合优势资源，试水电话导航业务，联合微信推出116114商旅微信公众账号，在移动互联网迅猛发展推动机票预订行业转型的大环境下抢占先机，发展机票预订业务。此外，运

营商和微信可根据双方已有或即将开发的业务展开合作，通过业务的融合和渗透，学习互联网思维和运作模式，探索新的商业模式，实现共赢。

四．各国电信运营商和 OTT 合作模式对我国的启示

我国电信运营商和 OTT 的合作目前还处于起步阶段，将来的合作发展趋势还不是特别明朗。国际上，运营商和 OTT 在不同的层次都有相关的合作方式，对我国电信运营商和 OTT 厂商如何展开合作有一定的指导意义。

（一）多元化合作策略

电信运营商和 OTT 产品的合作是不可逆转的趋势，我国电信运营商和 OTT 产品合作的模式比较少而且单一。一方面，可以借鉴国外的流量套餐、应用推广、通话优惠、计费合作等合作模式，同时在借鉴他国合作模式基础之上开发适合本国发展情况的新的合作模式，中国消费群体相对较大，细分市场中用户消费类型也是大有不同,电信运营商可根据用户的消费习惯等与 OTT 实施不同的合作方式。另一方面，移动互联网的快速发展催生 OTT 的迅猛成长，可针对不同类型的 OTT 提供商采取差异化合作策略。OTT 产品在用户市场规模上良莠不齐，电信运营商和 OTT 合作过程中必须要进行良好秩序的合作，保持良好的市场竞争环境和产品市场的繁荣，才能为多元化合作策略的实施提供良好的条件。

（二）探索核心业务

随着 OTT 业务的发展,传统运营商或是 OTT 业务要想培养或者彻底改变消费者的消费行为和消费习惯，就必须寻找新的市场需求点。电信运营商和 OTT 厂商就需要充分利用大数据资源进行挖掘和分析，研究消费者消费习惯的走势等，利用 OTT 厂商的研发能力和用户体验的优势，结合运营商的渠道进行合作，共同合作开发核心业务。这样，OTT 厂商提供的业务更广泛，不会局限于自有业务，根据市场需求开发或者培养新产品也就更具有灵活性和竞争力。

（三）搭建生态圈

推进移动互联网生态圈发展，联通与腾讯的牵手是目前我国存在的案例，所呈现出来的是一个共赢的局面，两者开放的态度，正在促成一个OTT与运营商之间前所未有的合作模式，一个新的移动互联网生态圈正被促成。此外，搭建产品生态圈，实现合作平台的开放性，电信运营商和OTT合作推出的产品业务通过积极引导应用程序开发者、广告商和内容供应商等来扩展用户的体验，才可以不断迎合消费者的消费需求，保证产品的生命力和竞争力。

第十二章
基于微信的O2O移动电子商务发展探索

互联网实验室

O2O 是目前互联网领域的热点，通过线上与线下的良性互动，将互联网经济与传统经济紧密结合，创造一种合作共赢的生态，未来有望形成万亿规模的市场，但目前还有一些细节问题需要完善，以实现 O2O 平台、商家、用户的“三赢”。微信作为当今移动互联网领域的第一流量入口，具备规模用户庞大、用户使用黏性较高、完善的闭环功能体系，有望成为发展 O2O 的决定性力量。

一. 微信移动支付发展分析

第三方支付是互联网金融的重要形式，拥有庞大的用户群，正构筑着以自身为核心的商业模式，发挥着越来越大的影响力。微信支付在移动支付领域是后起之秀，但发展异军突起，正在对行业领头羊支付宝钱包形成赶超之势。在未来，微信支付将是与游戏业务并驾齐驱的微信商业化变现途径，但在这一过程中，微信支付还需要在竞争策略、安全保障等方面加强探索。

（一）微信移动支付发展状况

微信在 5.0 版本中加入支付功能，用户绑定银行卡就可以通过微信完成支付，具有便捷、交易场景不断丰富等特点。当前微信支付用户数量快速增长，应用场景也已经涉及日常购物。

1. 用户数量

微信官方并未透露过微信支付的用户数量。2013 年 11 月 25 日《经济观察报》曾爆料微信支付用户超过 2000 万，日均增长 20 万。考虑到期间微信红包、打车大战的刺激，用户数量可能更高。以 6000 万的保守数字估算，目前开通支付功能的微信用户占比 10%，增长空间很大。

根据小微金服官方数据，截至 2014 年 10 月中旬，支付宝钱包的活跃用户数已经达到 1.9 亿。

2. 支持的应用场景

微信支付目前支持的应用场景包括理财通、在线彩票、手机话费、嘀嘀打车、精选商品、Q 币充值、微信红包、电影票、今日美食、AA 付款、腾讯公益等，涵盖了理财、日常购物、餐饮、娱乐等多种需求。

同时，微信支付也已经向微信服务号商家开放，首次开放主要面向相对成熟的行业，包括商超百货、服饰鞋包、母婴食品、数码家电、图书、化妆品、汽车及配件等 20 多个类目的实物类经营服务号（限企业/网店商户/媒体类服务号），在线下也支持扫码支付。微信已经为用户构建了全面而丰富的应用场景。

3. 交易额

微信支付部分商家的成交数据如表 12-1 所示。

表 12-1　微信支付部分商家的成交数据

企业或商家	微信支付使用情况
易迅	截至 2013 年 10 月，易迅消费者通过 PC 端、手机客户端、微信支付等方式进行支付，其中，选择微信支付的订单累计达 35 万单，订单金额突破 1 亿元。不到 3 个月的时间，微信支付订单额已占易迅订单总额的 5% 以上
上品折扣	2013 年年底，上品折扣中关村分店接入微信支付，15 天内，微信支付的日均交易由 2 笔增长到超过 1000 笔，日交易额从 70 多元增长到 24 万元，微信支付总交易额近 100 万元

续表

企业或商家	微信支付使用情况
友宝	智能售货机企业友宝称，友宝用户使用微信支付的占比达到 25%。从客户的客单价来看，使用微信支付购买的客单价比平均客单价高 22%
春秋航空	春秋航空 85% 的机票为直销，都是通过 PC 端的官网和移动端预订完成。在移动端，2013 年通过手机端卖出的票占比 40%，其中，手机端主要是通过 App 卖出机票，通过微信端卖出的票仅占比 1%～2%，微信方面还没看到交易量的爆发
嘀嘀打车	嘀嘀打车平均日微信支付订单数为 70 万单，总微信支付订单约为 2100 万单，补贴总额高达 4 亿元。 嘀嘀打车用户突破 4000 万，较活动前增长了 1 倍；日均订单为 183 万单，2 月 7 日（即春节后第一天）达到峰值 262 万单，微信支付订单峰值超过 200 万单。嘀嘀打车开通服务的 58 个城市均有成功使用微信支付来支付打车费的记录，其中 33 个城市日均微信支付订单超过 1 万单
海底捞	海底捞微信支付总交易量由最初的 6000 多笔上升到 50 多万笔，微信支付订单数由 1 月的 40 笔上升至 3 月份的 3446 笔，占支付订单总比数的 60%。此外，在 3 个月的总销售额中，微信支付占比达 17%

资料来源：网上公开资料，互联网实验室整理

以上企业或商家都具备一定的市场规模，是微信支付的重点开发市场。目前，这些企业微信支付使用情况发展各异，部分企业微信支付使用率已经达到很高水平，如海底捞、嘀嘀打车等，也有一些企业还未看到微信支付的市场爆发，如春秋航空，这可能与推广力度、行业属性等因素有关。

（二）微信支付商业模式的主要优势与不足

商业模式由 9 个基本的构造模块构成，微信支付已经建立起较为完善的商业模式，但在组成细节上还需要进一步精细化。

1. 客户细分（Customer Segments）

微信支付用户可以广义地定义为接受互联网支付手段的用户。作为志在争取移动支付市场龙头地位的产品，微信支付将目标客户定位为为普遍的大众用户，以博取最大的市场份额。在此基础上，微信支付已经为美食领域的用户、电影领域的用户、打车用户、彩票用户等细分领域提供支付服务。

但微信支付目前是市场挑战者的角色，面对领先者支付宝钱包，微信支付需要更差异化的用户细分，以寻找更多利基市场，寻求更好的突破口。

2．价值主张（Value Propositions）

价值主张包括向用户传递什么价值，解决用户哪些痛点，满足用户哪些需求，以及提供哪些产品与服务。

微信支付为用户解决了移动终端的支付需求，使用户可以更加便捷地通过手机进行购物、餐饮、影票、打车等领域的支付，但包括微信支付在内的移动支付手段目前仍缺乏较之传统支付和 PC 支付有明显优势的价值主张来强化品牌，进而吸引用户。用户使用移动支付，较之传统支付和 PC 支付，除了获得一定程度的便捷和价格折扣外，缺乏更明显的收益，却要承担更明显的安全风险和移动流量成本，用户获得的净收益并不可观。这是整个移动支付行业需要改进的地方。

3．渠道（Channels）

目前，微信支付的客户导入主要有两种形式：一是微信用户的自然导入，即有移动支付强烈需求、努力尝鲜的微信用户；二是通过市场推广活动（如微信红包、打车补贴等）引入用户。

4．所建立的客户关系（Customer Relationships）

微信支付通过微信平台与商户、用户建立社区关系，形成一个良好的支付生态，用户除了使用支付功能，还可以享受查询、自助服务等，使用效用有所增强。

5．收入来源（Revenue Streams）

微信支付可以预见的收入是交易佣金和商户服务费用，对普通用户不收取费用。

6．核心资源（Key Resources）

对于微信支付而言，核心资源仍是微信大平台的海量用户与用户黏性，可以为其导入用户。

7．创造价值所需的关键业务（Key Activities）

微信支付为通过微信平台完成业务推广、达成交易的商家和用户提供支付服务，使交易行为在微信平台内即可完成闭环。

8．重要合作（Key Partnerships）

重要合作是拓展应用场景的重要途径。腾讯与京东、大众点评、嘀嘀打车等公司建立了股权和战略层面的合作，并将其纳入微信支付的应用场景。

9．成本构成（Cost Structure）

微信支付的成本主要是面向商户和用户的推广成本，从实施效果看，基于社交关系的推广方式（如微信红包）成本较低，通过硬性补贴实现用户推广和普及的形式（如大车补贴）成本相对较高。

由此可见，微信支付的商业模式已经基本搭建完成，可以为用户在移动端微信 App 内完成交易行为闭环，使用户的购买行为便捷、高效。但商业模式的各个细节仍需进一步精细化，进一步提升带给用户的效用，使用户使用微信支付的效用大大超过传统支付与 PC 支付，这样才能将用户的支付形式彻底锁定在微信支付上。

（三）微信支付的发展前景与途径

1．以微信支付为代表的移动支付 App 是未来移动支付的重要形式

目前移动支付主要存在四大形态（如图 12-1 所示）：运营商计费、NFC 近场通讯支付、刷卡支付、移动支付 App。

在这四种形式中，移动支付 App 将是未来移动支付的重要形式，也是本书的研究重点。相较于其他支付形式，移动支付 App 不需要在终端内添加任何芯片或智能卡（NFC 支付和刷卡支付均需要），用户只要在智能手机上免费下载 App 应用程序并绑定银行卡就可以进行支付操作，也不需要向运营商发送短信完成支付，省去了额外成本。此外，移动支付 App 具有操作便捷、应用场景易拓展的优势。

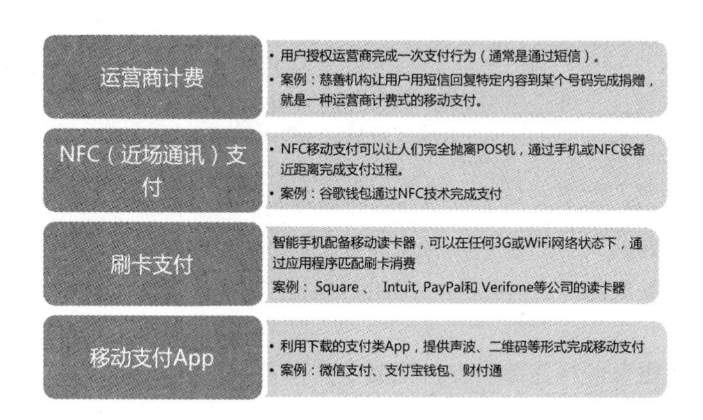

图 12-1 移动支付四种形式

制图：互联网实验室

2．微信支付未来交易额将是海量，并成为微信流量变现的主要途径

微信正在成为一个超级 App，每个订阅号、服务号、“我的银行卡”接入的应用场景、游戏平台的游戏都可以看作一个 App。微信是这数百万个微型 App 的集合体，微信支付将是这些 App 交易的结算方式，市场空间非常大。

随着微信在社会生活中的深度渗透，微信成为重要的媒体平台（借助订阅号）、商务平台（借助订阅号）、娱乐平台（借助游戏），大量企业与商户云集，用户的很多消费、交易行为在微信内即可完成，微信支付作为完成交易闭环的关键点，交易额将是海量级别。与此同时，微信支付也将成为微信流量变现的主要途径。当然，这需要微信平台用户基础稳固，以及用户对移动支付接受度的提升，同时还要做好微信平台、商户、用户的利益协调工作。

3．产品设计与运营要考虑交易与社交的融合

微信支付最大的优势在于微信平台的用户广度与黏性，可以为其持续导入用户。但微信的本质属性是社交，微信支付的本质是交易，二者需要更深地结合才能将用户的潜力充分发挥出来。

作为移动互联网第一流量入口平台，微信已经拥有超过 6 亿用户，活跃用户近 3 亿。由于是一款成熟的社交产品，微信用户黏性强，这为微信其他功能的推

广提供了巨大的空间。但需要注意的是，微信主要解决了用户的社交需求。社交是微信的本质属性，公众账号解决的阅读需求和微信游戏平台解决的娱乐需求都与社交属性连接紧密，而微信支付要解决的是用户的消费、交易需求。在一个社交平台发展交易，需要交易平台与社交因素紧密联系才能产生良好的合力。微信红包的成功正是将支付用户拓展与社交属性紧密结合的产物。微信支付要在各类应用场景成功获取用户，需要进一步加强与社交属性的融合。

4. 公众服务号将在微信支付拓展中发挥重要作用

在未来，微信公众服务号或将是微信支付拓展市场份额的主要领域。用户添加服务号具有主动性，微信公众服务号本质上是企业/商家与用户/粉丝的社交沟通途径，联通商品/服务的供需方，形成紧密的社交链条，是交易与社交关系的有机连接，可以形成一个良好的支付生态。

二维码原本可以成为微信支付拓展线下份额的重要手段，但因安全问题被央行叫停，前途未卜。这也令微信拓展 O2O 进程受到一定的阻碍。在这种情形下，服务号带来的交易需求应该成为拓展微信支付的重要途径。

随着微信持续的市场拓展及腾讯不断的收购动作，微信支付的应用场景已经非常丰富。

（四）微信支付发展需要解决的问题

微信支付的前景毋庸置疑，但还需要打消用户对安全的疑虑，并在竞争策略上更加主动、勇于创新。

1. 安全性的挑战

安全问题将是移动支付推广需要面对的第一个障碍，也是整个移动支付行业面临的系统性风险。

互联网实验室 2013 年年底进行的用户调研显示（如图 12-2 和图 12-3 所示）：在询问“听说过但未使用过”和“安装过但未使用过”的被访者时，因安全问题而决定不使用移动支付的比例最高，达到 45.0%；即使在“使用过”移动支付的人群中，也有 32.1% 的人对安全性并不十分信任；有 70.4% 的移动支付软件用户比较担心“因密码被盗、手机丢失、手机中毒等造成资金损失”，这一选项是所有安全问题中比例最高的；另外，有 52.9% 的用户也担心“个人隐私泄露”。

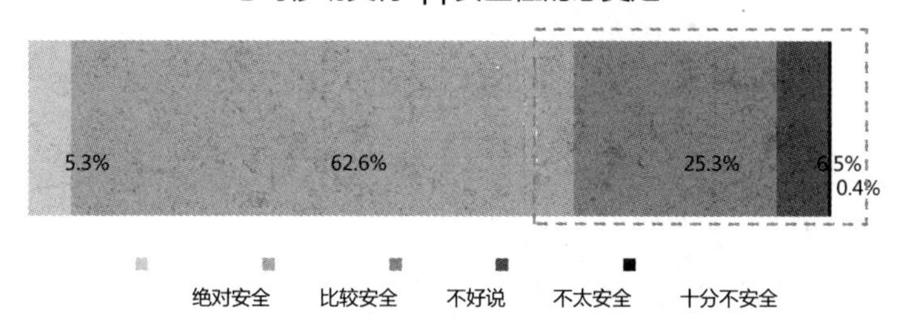

图 12-2　移动支付用户对 App 安全性的感受

数据来源：互联网实验室，2013 年 11 月

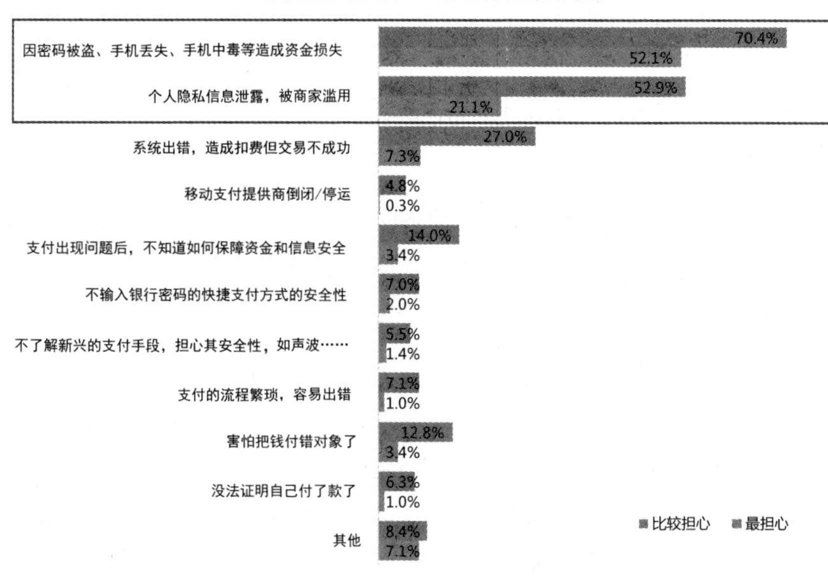

图 12-3　移动支付用户担心的安全风险问题

数据来源：互联网实验室，2013 年 11 月

可以说，如果用户对移动支付安全的疑问一直存在，移动支付行业就难言发展机遇来临。对于微信支付乃至整个移动支付行业而言，一方面要从流程设计和技术防护方面努力确保用户支付的安全，减少移动支付安全事件的发生，另一方面也要通过安全知识宣传、用户教育等形式使用户更加知悉安全技巧和安全形势，使安全意识和安全技巧深入人心，共同打造安全、健康的移动支付生态圈。

2. 业务拓展中的主动性与创新性

微信支付处在与支付宝钱包的激烈竞争中，双方都在极力拓展应用场景。双方互有攻守，拓展思路也各有借鉴。总体来看，二者在竞争手段、应用场景等方面趋同，如都引入了公众账号，都与货币基金合作推出网络理财产品，都支持打车应用补贴用户等。

微信支付如果要更有所作为，就需要提升市场拓展中的主动性与创新性，利用自身资源和优势在应用场景拓展上大胆想象、多做尝试、争取主动，既获取用户拓展支付业务，又树立更为创新的市场形象，与竞争对手也有更多差异。

二. O2O 移动电子商务的前景

2010 年团购行业兴起以后，O2O 的概念也被业界提出并逐步成为热点。百度、腾讯、阿里、京东等大公司纷纷将 O2O 作为战略重点，对其寄予拓展营收的巨大期望。传统企业和商户也渴望通过 O2O 的形式拓展客源，将用户由线上引到线下。

在预期中，O2O 可以成为互联网公司、传统企业和商户、用户“三赢”的方式。以往的电子商务形式（如 B2C、C2C）是对传统渠道的替代，O2O 则将竞争变为合作，形成共赢的生态。互联网公司利用流量优势将用户引到线下商户，收取佣金，扩大营收；传统企业和商户获得更多线上客源，可以利用自身的服务优势为用户提供服务、创造更多价值；用户在这一过程中也会享受到商家提供的折扣与服务。

为此，各大互联网公司都在积极拓展 O2O 业务：百度以百度地图和糯米网为核心，拓展基于地理位置的 O2O 和团购服务；腾讯则成立了微信事业部，将 O2O

业务放在微信事业部下，利用微信的庞大用户量和用户黏性提供服务；阿里以支付宝钱包为支付工具，极力发挥在商务领域的优势，并推出了淘点点等垂直领域 O2O 服务；京东与多家便利店、商超合作，拓展线下资源。在该领域的并购也逐渐增多，百度收购糯米，腾讯入股大众点评，大众点评投资饿了么等，可谓高潮迭起。

（一）当前 O2O 移动电子商务仍未爆发

与预期不符的是，目前的 O2O 仍未出现爆发态势。少部分具体领域，如电影团购，算是态势不错，打车软件也曾借助高额补贴掀起一阵喧嚣，但在与居民日常生活联系更为紧密、消费频率更高、市场规模更大的餐饮、服装、日常生活用品购买等领域，O2O 还未入预期般快速推进和普及。

究其原因，O2O 要为用户带来较之传统消费模式更高的效用，才会吸引消费者频繁使用 O2O 服务。O2O 过程中的消费者效用是 O2O 整个业务链的核心要素。业务闭环重要，但业务闭环、成熟与消费者是否使用并没有直接的因果关系，之间还是隔着一层。只有带给消费者的效用超出预期，才会有持续的 O2O 消费。巨大的 O2O 需求形成后，商家也会积极加入到 O2O 的洪流中。因此，提升 O2O 过程中的消费者效用是拓展 O2O 的关键。

（二）提升 O2O 过程中的消费者效用是关键

从目前的市场经验看，价格折扣、使用便捷等因素是提升消费者效用的关键。通过购买电影团购券看电影已经成为用户接受的消费习惯。美团网通过推出电影团购券，已经成为国内最大的影票分销商，原因在于三四十元的团购价较之动辄七八十元甚至上百元的电影票价而言优惠巨大。2014 年年初的打车软件补贴大战，每次打车费用补贴高达 10 元左右，在乘客以往打车支出的占比普遍在 50% 以上，巨大的实惠使打车 O2O 应用获得了很多用户。票务网站则是 O2O 提升操作便捷程度的代表，通过票务网站订票缺乏价格优惠，但可以知晓大量演出信息，可以及时订票、避免遇到票已售罄的尴尬，可以避免购票的奔波和排队等情况，提升了票务市场的效率，消费者效用大大提升，获得大量实惠。

由此可见，使用户获得产出预期的实惠和效用是 O2O 项目大获成功的关键。

而从目前的发展情况看，很多O2O项目给用户的激励并不充分。O2O要成为一项大产业，首先必须获取用户。

（三）微信做O2O具有天然优势

微信是目前公认的移动互联网首要入口，具有超过6亿用户及很高的用户黏性。微信的商业化也在积极展开，O2O是微信商业化的重要战略选择。马化腾在2013年6月曾表示，除了游戏，与O2O企业、商家和个人用户的合作是微信未来商业化的重点。

微信做O2O优势明显。微信是移动互联网时代最重要的流量入口，可以为O2O项目提供必要的流量保证。微信5.0是对移动互联网模式的一次实用性探索。微信5.0摆脱了旧版本对讲机的局限，正式以“移动互联网入口”的形象出现，其最大的创新在于将现实生活与虚拟网络进行即时连接。通过摄像头功能的扩展，微信将原本处于互联网以外的现实世界纳入进来，极大地扩展了网络世界的边界。智能手机功能日益强大，微信抓住硬件变革的机遇，充分发挥了手机作为人们以虚拟方式感知现实的新“器官”的功能。

微信具有庞大的用户群与较高的用户黏性，这是O2O发展的基础，为O2O项目提供了良好的用户平台。在移动互联网领域，很难再找出一个平台可以与微信比拼流量与用户黏性，而用户基础是O2O项目成功的关键。另外，微信有完善的服务号和支付系统，商户可以在微信体系内实现业务闭环。微信是用户社交平台，用户在线下体验服务后可以便捷地进行社会化分享，使商家信息触及更多用户。

三．微信的O2O探索——逐步实现商业闭环

微信发展O2O电子商务，主要是通过开放商家微信公众平台，整合生活服务等，打造出一个O2O生态圈。其最主要的目的是实现电商的闭环，一般就是指O2O中实现闭环。线上客流是输入、线下消费是输出、用户反馈是从输出到输入的通路，形成一个闭环。

微信O2O电子商务发展的核心就是实现商业闭环，其中流量、购买和支付是

实现闭环的关键环节。

（一）流量环节

智能手机的发展促使用户的消费习惯和消费行为不断发生转移，催生了相当规模应用的产生和发展，用户的消费触点指向应用。微信自崛起至今已获得数亿规模的用户，强大的用户规模是微信 O2O 电子商务发展的驱动力。

2013 年 8 月，微信和广东联通合作推出的定制免费流量套餐初试水，取得了良好的成绩。运营商和微信的合作解决了当下微信使用流量拥堵的问题，两者的破冰合作为将来微信和电信运营商合作获取流量资源奠定了基础。

从微信公众账号开放注册和运营，到免费开放地理位置、客服、语音等九大高级技术接口，到微信支付首期对包括线下商超、服饰、户外运动、化妆品、家装建材、3C 数码、奶粉、玩具、食品、图书等在内的 21 类商户开放，再到腾讯收购四维图新 11.28% 的股份，对于移动互联网环境下的 O2O 来说，位置决定服务，腾讯在开发基于地图的产品之余，还可以将其用于服务 O2O 电子商务，发展线下商家，将来的微信版本中出现“附近的商家”的可能性也是极大的。越来越多商家接入微信，丰富、便捷的生活场景模式通过微信可以实现，对于商户而言，强大的用户量可以给他们带来相当规模的流量，为流量变现提供了资源条件。

（二）购买环节

消费者利用微信支付线上购买、线下消费，商户可以根据消费者信息进行数字化客户管理。

商户可对客户的信息分级分类，并对客户的生命周期、客户沟通关怀等进行管理，从而刺激或引导消费者进行下一轮消费，关注本商户线上商店。微信在保护消费者的隐私、账号等方面要发挥作用，微信支付平台可以辅助用户和商户建立商业信用规则和秩序。另外，微信可以根据用户和商户的需求为商户开拓新的技术接口，根据消费者需求提供相应的服务。目前，微信提供的接口主要是语音、客服等，微信提供的支持服务还不是特别完善，在市场化的运营过程中，可根据商户和用户的需求提供相应的支持。同时，微信的支付场景还不是特别完善，如何将线下消费者引流到线上，从目前的状态来看，还需要一段时间去摸索。

（三）支付环节

从支付场景来看，此前的 App 内支付场景较少，用户的选择少，主要是游戏道具收费、微信表情收费等小额支付，而用户对支付方式的选择也仅限于手机财付通和运营商的话费支付等少数几种移动支付方式。微信 App 支付接口全面开放后，随着接入商家的增加，将为移动端消费者提供更丰富的消费场景。目前，微信支付提供的三大移动支付场景为扫码支付、公众号支付和 App 支付。2014 年 3 月 4 日，微信支付率先对认证服务号开放公众号内支付和扫码支付两种支付方式。2014 年 3 月 19 日，App 支付接口对第三方移动应用的正式开放，是微信支付开放生态进一步完善的表现。

从微信支付安全方面来看，微信支付的安全性直接关系到用户和商户的直接利益，微信支付提供包括腾讯技术保障、7×24 客户服务、手机安全软件联盟、产品安全机制和赔付支持为用户提供切实有力的安全防护。从赔付支持角度来看，微信支付联合 PICC 推出 100% 全赔保障，用户若因使用微信支付造成资金被盗等损失，将可获得 PICC 的全赔保障。从手机安全软件来看，基于智能手机的微信支付将受到多个手机安全应用厂商的保护，将与微信支付一起形成安全支付的业态联盟。

微信推荐腾讯手机管家。腾讯手机管家在此前的版本中就具备“微信安全”功能，支持微信聊天中的恶意网址拦截、查杀危害微信的恶意插件与病毒。腾讯手机管家 4.6 版则升级了“微信安全”，为微信提供支付、登录、隐私等全方位的安全保护，并与微信 5.1 版本中“我的账号”的“手机安全防护”进行入口对接，全面扫描微信支付、登录环境、账号安全及隐私泄露问题。客服方面，7×24 小时客户服务加上微信客服，及时为用户排忧解难。同时，为微信支付开辟的专属客服通道，能够以最快的速度响应用户的提出问题并作出处理判断。在产品的技术支持方面，微信支付后台有腾讯的大数据支撑，海量的数据和云端的计算能够及时判定用户的支付行为存在的风险性，基于大数据和云计算的全方位的身份保护，能最大限度保证用户交易的安全性。在安全机制方面，微信支付从产品体验的各个环节考虑用户的心理感受，形成了整套安全机制和手段。微信设置了包括硬件锁、支付密码验证、终端异常判断、交易异常实时监控、交易紧急冻结等在内的一整套安全机制来确保资金安全。另外，为保障广大微信用户的安全，微信支付接入商户的程序十分严格，需要经过严格的审核、满足多项审核条件才可以进驻微信，成为微信支付的商户。同时，在用户对商户进行付款时，经过认证的商户支付页面均会显示“微信安全支付”字样。但是目前来看，微信还需要在技术上进行提升、加以完善，消除微信支付安全的潜在风险。

（四）基于微信的 O2O 电子商务需要更加完善

O2O 面临一个困境：如果给予用户较高的价格折扣，虽然可以短时间内获取大量用户，但长期低价促销难以为继。因此，O2O 项目成功可能有两条路可以走：一是持续开展 O2O 项目，慢慢沉淀用户，逐步培养商户的忠诚客户，并持续回馈客户；二是在消费的便利性方面有大的改进，从而提升消费者效用。

对于微信而言，目前已经实现的商业闭环是基础，代表微信平台可以为用户和商户提供完善的服务和体验。微信在 O2O 领域的最大竞争对手不是从事 O2O 的互联网企业，而是用户和商户旧有的服务消费方式。微信 O2O 需要提供较之传统模式对于消费者而言更具效用的服务，使这样的闭环对于用户而言更有价值，以代替传统模式。另外，商户可以通过微信服务忠实用户或存量用户。但是，O2O 的发展更寄托了业界对增量用户拓展的期待。

第十三章

腾讯本地生活 O2O 布局与未来发展预测

鲁振旺[1]

腾讯通过拥有 6 亿用户的微信打造了一个 O2O 生态环境，将微信作为一个本地生活 O2O 各领域的“超级入口”，一站式满足消费者需求。

腾讯在 O2O 布局的主要模式分为两类。一类是通过公众账号连接消费者和商户（微生活）；另一类是通过投资或控股 O2O 各细分领域的互联网领先公司，将其接入微信，从而进行布局。

腾讯地图和微信支付是腾讯进行 O2O 布局的两大重要基础工具。微信支付在 2014 年新年期间，通过“抢红包”活动体现了其极强的社交传播性，通过打车补贴等一系列市场活动也迅速增加了用户开通量。腾讯地图相对于百度地图和高德地图，所拥有的商户基础信息、交易信息等基础 O2O 数据相对较弱，但其街景地图的城市覆盖量处于领先，也为腾讯未来的 O2O 场景应用创造了发展空间。

一. 公众平台模式

（一）本地生活公众平台模式发展回顾

微信作为中国用户数最多的应用，用户基础大、范围广、活跃度高，基于微

---

1 鲁振旺，万擎咨询 CEO。

信的社交圈有较强扩散性，便于利用熟人关系建立品牌口碑。对于商户来讲，把微信作为会员管理工具，具有便捷的会员沟通途径，消费者可以与商户的微信客服即时交流，迅速解决消费疑虑。

腾讯于 2012 年 5 月推出的“微生活”，希望基于微信的社交功能，通过商家公众账号（餐饮、电影、旅游、KTV 等行业）连接消费者和商户。2014 年，腾讯将微信公众平台上升为公司级战略。在商户端，希望把微信打造为一个会员管理系统，对会员实施精准营销。在消费者端，希望可以通过微信满足用户对本地生活服务各行业、各品牌商户的信息查找及完成商品、服务交易的需求，主要产品有微生活会员卡等。

（二）本地生活公众平台模式发展难点（失败原因）

经历了两年时间发展的“微生活”，目前来看并不成功，遇到的问题主要如下。

- 微生活所提供的 CRM 模板功能较弱：CRM 模板的功能单一，而各企业对 CRM 的需求是多样的，因此，标准的 CRM 无法满足各企业的个性化营销、管理需求。
- 各行业微生活与线下商户自身系统对接难度大：餐饮行业点菜系统供应厂商繁多，统一整合并与微生活服务号打通有较大困难；电影院的选座系统目前也无法与微信服务号对接。因此，在各个行业中，线下商户自身系统与微生活对接有较大技术难度。
- 交易闭环尚未形成：公共账号交易作为电商模式的一种，在生活服务行业目前更多的是信息展示，还未形成完整的交易体系。例如，储值卡功能尚不能在微信端充值，无法创建完整的交易闭环。
- 账号过多，缺乏一站式入口：对于消费者而言，要满足本地生活复杂多样的需求，需要关注大量的微信公共账号，很不方便，缺乏本地生活垂直领域的信息检索入口。
- 缺乏电商基因：公共账号是基于社交互动的电商模式，在发现和匹配交易关系方面天生薄弱，需要商家主动去引导，培养消费者的消费习惯需要一个较长的过程。

- 限制多，营销效果可能会受影响：为了维护社交属性，微信对品牌公众账号强加了诸多限制。例如，拒绝过度营销，推送消息有限制；粉丝数有上限等。而对于消费者而言，由于加入微生活的会员没有门槛，消费者并不会形成珍惜、依赖的心态。
- 缺乏自建线下团队：腾讯并没有庞大的线下地推团队，“微生活”采取了线下招募代理商的模式，因此对线下团队的把控能力较差，可能会为其长期发展埋下隐患。

从目前的情况看，生活服务领域的公众账号模式因为面临系统、营销等诸多难题已难有所作为，要想对各行业产生较大影响还需要转变思路、方法。

二．投资入股模式

腾讯通过投资入股本地O2O细分领域领先的互联网公司，将其接入微信，从而进行O2O布局。腾讯已投资（或控股）大众点评、嘀嘀打车、高朋等互联网公司，间接在本地生活O2O领域进行布局。

（一）投资入股模式发展的优点

- 迅速布局，拉入餐饮、KTV等中小商户，不需要庞大的地推团队。
- 创建微信支付使用场景，迅速增加微信支付的开通量，提高微信支付的使用频率。

（二）投资入股模式发展的难点

过于依赖合作伙伴的影响力和市场份额：因为采取的是与所投资公司独家或战略合作的形式，有一定风险。目前，高朋电影在电影选座市场力量薄弱；大众点评在团购市场处于第二名位置，距离美团有一定差距；嘀嘀打车市场份额与处于阿里系的快的打车不相上下。各个领域都存在势均力敌的竞争对手，给腾讯带来了一定的隐患，一旦对手发力，会影响其价值。未来腾讯还需加大本地生活各领域的投资，以弥补短板。

- 实现合作伙伴与微信的无缝对接：腾讯缺乏对所投资的公司的决策权，二者之间存在博弈，被投资的公司或许不愿意把自己的核心产品、内容完全开放给腾讯，因此，把微信的社交功能与所投资公司的核心产品进行结合具有一定难度。
- 引导用户通过微信进行本地生活服务消费需要时间：微信从社交定位向 O2O 平台转变，从社交需求转化为购物需求，引导消费者在微信中进行本地生活的各项消费，培养用户的消费习惯，需要一个过程。

（三）腾讯 O2O 未来发展趋势

- 通过投资入股，打造本地生活消费的一站式平台：腾讯通过把微信作为 O2O 的一站式平台，满足用户吃、喝、玩、乐等本地生活服务领域消费的需求。在商户端，可以通过微信 CRM 对会员进行管理，实现会员精准营销，增加商户的品牌影响力。从目前看，腾讯通过投资收购已经在生活服务 O2O 领域进行了广泛的布局。在未来，腾讯会与所投资公司进行更多的市场合作，加强其在各自领域的竞争力。在未来与阿里、百度的竞争中，还会有更多的市场投资活动。
- 依托微信的强社交属性进行 O2O 业务创新：基于社交属性，微信将与 O2O 平台细分领域深度合作，将所投资的公司的产品与微信的社交功能进行结合、做出更多创新应用。例如，通过微信社交圈进行扩散，从多人聚餐时利用微信分享讨论餐馆、点菜，到预定、付款，形成整个交易闭环，完成顺畅的消费流程。

第十四章

以微信 O2O 为核心的腾讯 O2O 生态圈[1]

李宝霞[2]

腾讯集团高级执行副总裁、腾讯电商控股 CEO 吴宵光认为：传统的电子商务实际上是将线下的生意搬到线上，但由此带来的线上与线下的博弈冲突使传统零售企业非常痛苦，而在移动时代，电子商务与零售将会形成共生而不是零和的关系。

腾讯拥有 QQ、微博、微信等众多产品，这些产品都在同行业中名列前茅。然而在电商领域，从沦为配角的拍拍网，到反响一般的 QQ 商城、QQ 网购，再到成绩平平的 QQ 美食、新高朋网，腾讯的 PC 互联时代可谓战绩平平。而在移动互联时代，微信的诞生为苦苦挣扎的腾讯带来了一丝曙光，成为腾讯进驻 O2O 最好的武器。如何充分利用微信这个武器，将成为腾讯占据 O2O 制高点的关键。

一. PC 互联网领域遭遇困境，借 O2O 迎来曙光

马化腾认为：我们身处一个日新月异的行业，一个需要敬畏的行业，一个颠覆或者被颠覆的行业……面对行业的激烈竞争和变化无常，我们也需要前瞻思考，主动求变。

就是凭借这种主动求变的心态，腾讯先后进驻实物电商领域、生活服务领域，然而最终的结果却是实物电商领域的不尽如人意和生活服务领域的成绩欠佳。

---

1 本文首发于《O2O 应该这样做》，机械工业出版社，程成、袁莹、王吉斌、彭盾著，2014 年 5 月。

2 李宝霞，亿欧网专家作者。

（一）实物电商领域不尽如人意

- C2C 领域失意：2005 年 9 月，腾讯进军 C2C 领域，推出拍拍网，一经上线，就凭借腾讯巨大的流量优势，在一年后与淘宝、易趣呈现三足鼎立之势。然而，淘宝凭借其先发制人的优势、强大的营销策略等，取得了超高的增速，并赶超易趣，快速占据 C2C 交易市场的第一把交椅，使得拍拍网在后来的 C2C 竞争中逐渐沦为配角。
- B2C 领域失意：2010 年 3 月，腾讯开始向 B2C 模式发力，标志性事件是在"QQ 会员官方店"的基础上推出 QQ 商城（shop.qq.com）。相比较 QQ 会员官方店，QQ 商城有了多方面的升级，不仅将 QQ 会员的优惠特权进一步升级，也将此前只有 QQ 会员才能享受的低价名牌网购特权向所有 QQ 用户开放。然而，QQ 商城的成立时间比淘宝商城晚两年多，发展策略也过于保守，导致最终发展不尽如人意。
- 独立 B2C 领域失意：2011 年 12 月，腾讯试图打造 B2B2C 平台，推出了超级购物平台 QQ 网购（buy.qq.com），采取各品类邀请独立 B2C 运营的方式。2013 年 3 月，合并 QQ 商城和 QQ 网购为 QQ 网购；7 月，启用独立域名 www.wanggou.com。然而，QQ 网购也成绩平平，未能赶超淘宝。
- 投资并购其他电商，战绩平平：为了在实物电商领域取得良好的成绩，腾讯开始通过投资并购，不仅入股了珂兰钻石、好乐买，还收购了易迅网、买卖宝。然而到目前为止，腾讯的收购或投资除了易迅网外，尚未发挥效果。因此，腾讯在实物电商上的投资并购相较于其他电商而言可谓战绩平平。

（二）生活服务领域成绩欠佳

腾讯于 2008 年正式开始进驻本地生活服务 O2O 领域，推出 QQ 电影票，进行在线电影票订购。为了加大对本地生活服务 O2O 市场的投入力度，2010 年 10 月推出 QQ 美食。之后，腾讯进行了一系列的投资收购，以期在生活服务 O2O 领域占得一席之地，2011 年初投资团购网站高朋网，之后入股 F 团，至此腾讯在本地生活服务 O2O 领域总投资金额已经超过 1 亿美元。然而，一切只是开始。2011 年 5 月，腾讯又战略投资艺龙网，此次投资获得 16% 的股份；2012 年 5 月，腾讯发力在线旅游，以数千万美元入股了同程网；2012年11月，腾讯为了增强技术及线下能力，收购了餐饮CRM企业通卡。2013年1月，腾讯合并整合F团、高朋网和QQ团为统一品牌，并取名“新高朋网”。

虽然腾讯在生活服务O2O业务上投入了大量资金和资源，但无论是QQ电影票、QQ美食，还是各种投资并购，腾讯的团购业务在竞争中都没有脱颖而出，在线旅游的布局也没有超越阿里巴巴。因此，腾讯生活服务电商O2O领域的探索没有取得理想的成果。

（三）“微信+O2O”迎来曙光

在PC互联时代，线上与线下是分裂的，加上众多先发制人的竞争对手，腾讯可谓频频失意。然而，移动互联时代的来临，使腾讯越来越认识到线上与线下的共生性，开始进行移动互联的探索。

腾讯电商的曙光——微信诞生。2011 年年初，腾讯推出一款快速发送文字和照片、支持多人语音对讲的手机聊天软件——微信。相比较于传统的联系方式，微信不仅完全免费、节省资费，而且支持形式更加丰富联系方式，更灵活、方便、智能，一经推出就快速占领市场，受到众多用户的追捧。微信推出 433 天后，用户量突破1亿。此后，微信更是急速增长，6个月后，微信用户量突破2亿，再过不到5个月，微信用户量就突破了3亿。截至2014年3月，微信用户量已超过7亿，且仍在持续增长。

微信拥有最广泛的社交人流，当之无愧地成为中国移动互联网时代的第一入口。凭借微信这一强大的移动互联入口，加上微信支付的巨大黏性，腾讯电商迎来了曙光。

二．微信O2O生态圈

（一）移动O2O的特点

在移动和O2O时代，电子商务将会具备五大特点。

- 随时、随地、随身：不再有 PC 时代“在线”的概念，任何时候商品、门店、消费者都是被连接在一起的；商店和用户之间突破了物理空间的限制，即使用户不在商店，也可以通过微信继续进行沟通。
- 数字化管理客户（CRM）：通过打通用户信息、支付、积分和会员卡体系，捆绑线下用户，传统零售企业可以更加方便地开展 CRM 数字化管理，并以此为依据开展全商品生命周期的管理。
- 根据用户地理位置（LBS）：系统能够通过 LBS 快速定位用户的地理位置，并自动推送附近的门店信息，同时结合各种线下优惠券牢牢吸引用户。
- 大数据：通过跟踪用户的各种消费行为，商家就拥有了众多的用户数据。在对这些数据进行分析的基础上，商家可以开展需求调研和品牌分析来指导商品研发、生产，定向生产用户喜爱的产品，形成以需定产的 C2B 模式。
- 延伸线下服务。

（二）微信成为 O2O 利器

细细分析移动 O2O 的特点，不难发现，微信似乎是为移动 O2O 量身订做的。而通过微信的一系列活动，腾讯在电商领域也取得了惊人的成绩。

在实物购物领域，2013 年上线的“微信卖场”一经推出就取得了惊人的成绩，不仅每日推荐的十余款商品取得了不错的成效，而且现在每日单量均稳定在 1 万单以上。“微信卖场”的成功，给腾讯吃了一颗定心丸。2013 年 12 月 12 日，由易迅网运营的微信卖场正式升级为微信商城，成为腾讯电商在移动端的最重要平台之一。除了零售领域，腾讯还涉足泛零售领域，专门成立了微购物团队，为线下传统零售企业打造 O2O 线上线下一体化平台。泛零售领域的空间是非常大的，因此，腾讯的想象空间也非常大。2013 年以来，有很多大型商场和线下零售商都认识到了微信的重要性，并发布了微信 O2O 战略，包括天虹商场、大悦城、绫致时装、有阿股份、宜华木业、红旗连锁、潮宏基、中央商场等。除了国内的商场和线下零售商外，众多国外知名品牌也开始与腾讯开展基于微信平台的深度合作，如 JackJones、Only、VeroModa 等。截至 2013 年 10 月，已经有超过 3000 家门店与腾讯开展了基于微信的相关服务。

在生活服务方面，为了大力吸引线下商家入驻微信，腾讯于 2012 年 6 月推出了微信会员卡，吸引了一批线下商户；于 12 月联合高朋网推出了微团购。而在 2013 年后，腾讯移动生活电商继续加重生活服务 O2O 的布局，于 2013 年 9 月发布了微生活会员卡 X1 版本。同时，考虑到电影对人们生活的不可或缺性，腾讯进驻电影 O2O，将在微信专门开辟一个电影订票入口。

微信对于实物购物领域和生活服务领域都会起到非常重要的作用，因此，微信将成为腾讯电商实现在移动端弯道超车的一把利器。2013 年年底，腾讯提出 O2O 战略，“以微信、QQ 及公众平台为基础，连接人与商品和服务，打造开放、完整、丰富的生态链”。业内很多人士也指出微信对腾讯电商的重要性，并认为基于微信开展 O2O 将是腾讯改头换面的重要机遇，将非常有助于腾讯重新确定业界地位。

早在 2011 年马化腾就曾说：“如果说过去叫生意，那么现在叫生态。腾讯要确保的，是整个生态环境的良性、健康、可持续。”如今，结合移动和 O2O 的特点，根据腾讯的行为及马化腾的雄心壮志，不难看出，腾讯开始以微信的客户体系为基础，将所有产品植入微信，最终实现“构建以微信为核心的 O2O 生物圈”的 O2O 战略目标。

三．腾讯 O2O 生态圈

什么是生态圈？蒙牛老总牛根生曾经说：“我们经营的不是一个点，也不是一条线，而是一个圈，一个很大、很长、很累人也很激动人心的圈。通俗的说法，把它叫做产业链，更形象的说法，应该称它为‘企业生态圈’。好似奥林匹克标志，大圈里面有小圈，原料圈、资本圈、制造圈、市场圈、品牌圈，五环闭合首尾循环，形成一个完整的‘企业生态圈’。”

对腾讯而言，一个良好的电商生态圈必须形成从售前信息、到售中支付、再到售后服务和营销的生态闭环，因此，以微信、QQ 及公众平台为基础，连接人与商品和服务，才能帮助腾讯打造开放、完整、丰富的生态圈。

为了打造这个生态圈，腾讯在加强自身现有业务的基础上，于 2014 年频繁发力 O2O 细分领域，一步一步构建腾讯 O2O 生态圈。

（一）抢占 O2O 入口——微信+QQ+二维码+路由器

对于互联网企业而言，让用户快速进入企业业务范围是企业成功的重要因素之一，因此，把握好互联网入口是企业的重中之重。腾讯从线上和线下全渠道为用户提供 O2O 入口。

1．抢占线上和线下入口——微信+QQ+二维码

线上入口是腾讯最大的法宝。腾讯以社交软件起家，无论是手机 QQ，还是微信，都积累了最广泛的社交人流。目前，手机 QQ 已经拥有 10 亿用户，微信已经拥有 7 亿用户。互联网评论人士洪波曾说，“微信是占用户时间最多的移动应用”。因此，拥有了微信和 QQ，腾讯就已经在线上互联网入口中占据了最有利的地位。

马化腾曾多次强调，“腾讯和微信就是要大量推广二维码，这是线上和线下的关键入口”。目前，“微信扫描二维码”已经成为腾讯 O2O 的代表型应用。无论用户是在互联网上，还是在逛街，二维码随处可见，只要用微信一扫，用户就进入了企业的天地。

2．抢占离消费最终决策时间最近的入口——路由器

路由器能够直接把控用户线下的网络入口，电商可以借此向用户推荐一些特定的团购、优惠券或新品展示页等，一旦用户进入相应门店并接入 Wi-Fi，就可以第一时间接触商家定向推广的信息，进而影响用户，最终形成消费。

腾讯 2013 年就已开始研发商用路由器，并由高朋团队主导腾讯路由器计划，在此前公布微信 POS 机时正式曝光了正在开发类似产品，目前已进行了小规模试点，主要是以“服务商+合作方”的形式出现。高朋团队透露，为了争取抢占离消费最终决策时间最近的入口，腾讯将深度联合微信公众号，并与公众号的其他 O2O 功能打通。但是，以路由器为中心的商用 Wi-Fi 工程，无论是推广，还是维护实施，难度都相当大，因此该策略还一直在内部孵化中。

（二）快速连接线下——QQ 地图+LBS

通过 LBS 和地图，快速连接线下，对于巩固 O2O 生态圈不可或缺。

1．LBS

LBS（Location Based Service）一般应用于手机用户，它是基于位置的服务，目标是获取移动终端用户的位置信息，主要通过电信、移动运营商的无线通信网络或外部定位方式来获得。LBS 可以帮助腾讯快速定位用户的地理位置，进而推送用户附近的商品或者服务，方便用户的生活。

2．QQ 地图

戴志康曾经讲过："手机最大的不一样是有位置，入口即地图，地图是让线下的人和线上的东西产生关系的非常有价值的手段。"

为了更好地抢占地图领域，腾讯提供开放的 API，允许更多开发者的接入和调用，同时通过多样化的方式为用户提供地图服务。鉴于此思路，腾讯 2011 年开始开展街景服务。据说腾讯将推出"腾讯街景"，同时支持手机查看，以后凡是需要 LBS 的服务，都可以通过腾讯的街景和地图接口快速显示所在地理位置的实际街景数据。

虽然腾讯拥有 QQ 地图，但是相较百度地图、高德地图的高人气，影响力还有待提高，更做不到实时的路况与准确的信息导航。或许腾讯的下一步就是加强地图能力。

（三）丰富移动应用场景——微购物+嘀嘀打车

1．服装应用场景

腾讯微购物是社会化网络和电子商务相结合的购物方式。在微购物上，用户可以直接登录微信，在微信上进行购物，之后可以通过微信支付进行付款。另外，用户还可以通过二维码扫描进行购物，只要扫描线下二维码就可以进入微信页面，在该页面上进行购物。微购物能够在微信上实现商家仓库联通，解决了缺货断码商品在不同门店的调货问题。

目前，已经有很多服装领域的商家进驻微购物，如服装领域的绫致服装集团（旗下品牌有 VERO MODA、ONLY、杰克琼斯）、佐丹奴、歌莉娅等。绫致服装集团有 66 个门店试点微购物，试点成绩非常可观，仅 3 个月就就获得了 1000 万元的销量。同时，在百货领域也有很多百货公司进驻微购物，如上品折扣、银泰、王府井百货等。据了解，宣布与腾讯达成战略合作后，王府井百货股价连续两日涨停。据调查，很多百货公司纷纷表示，相较于自建 App，他们更倾向于借助微信。

2. 打车应用场景

为了抢夺打车应用市场，以期通过汽车打通 O2O 入口，2014 年 1 月腾讯入股嘀嘀打车，微信用户可透过微信支付服务付费电召的士。"嘀嘀打车"是北京市交通委员会批准的四款应用产品之一，允许用户追踪并预约的士。2014 年 2 月，"嘀嘀"宣布联合微信支付开展打车优惠，只要用户打车的时候选择微信支付，就可以获得立减 10 元的优惠，每天有 3 次打车优惠机会，而为了吸引新乘客，还给出新乘客首单立减 15 元的重大优惠。这种"立竿见影"的优惠方式，收到了"立竿见影"的推广效果。

（四）打通交易闭环——微信支付

早在 2012 年 9 月，腾讯就采取措施，以 O2O 的方式开始打开手机支付市场，主要是深度整合财付通，提出了核心业务"QQ 彩贝"计划，期望通过该计划打通商户与用户之间的联系，最终实现精准营销，打通电商和生活服务平台的通用积分体系。

2013 年，腾讯与其旗下第三方支付平台财付通（Tenpay）联合推出互联网创新支付产品——微信支付，用户可以通过微信支付购买合作商户的商品及服务。微信支付的产生使得用户付款更便捷，并且使得智能手机成为一个全能钱包，还使得微信的功能在沟通和分享的基础上更进一层。相较于传统的刷卡付款，微信支付更加快捷，用户只要在自己的智能手机上输入密码，就可以快速完成支付操作。目前已经有很多银行开通了与微信支付的接口服务，如招商银行、中国银行、建设银行、农业银行等，而其他银行也将陆续接入。

（五）获得大量商户——微生活+大众点评+乐居

对于互联网电商而言，拥有众多的商户合作也是重中之重，不仅能增加企业的收益，还能增加用户的黏性。

1. 自创“微生活”

“微生活”由腾讯自身的团队打造而成，致力于本地 O2O 生活服务，帮助商户向本地用户提供各种优惠生活服务。虽然“微生活”成绩平平，但是还是积累了一部分商户信息。

2013 年 9 月腾讯微生活团队发布了针对餐饮行业的 O2O 产品——微生活会员卡 X1 版本，整合了移动 CRM、微信自定义菜单、移动客服、微信支付和手机 QQ 优惠券平台等五大核心功能。2013 年 10 月，腾讯微生活尝试拓宽渠道，其最新成果是一款独立 App“微生活会员卡”，目前已登陆 App Store，暂无 Android 版本。微生活会员卡支持微信、QQ 账号登录；“附近”功能能够主动发现优惠信息；“消息”功能可以让商家主动推送优惠信息；可以实现朋友圈、腾讯微博及 QQ 的共享。但是相比于大众点评、美团等成熟的优惠 O2O 信息推送平台，微生活的独立 App 竞争力并不高，主要是因为微生活上面的品牌知名度、商家资源、优惠力度都不够强势，不能很好地吸引用户。

2. 入股大众点评

对接商家才能更好地构建 O2O 生物圈，而微生活的成绩平平使得腾讯商户短缺。大众点评作为最早发力移动端的 O2O 企业之一，一直被认为是中国 O2O 的代表性企业，据公开资料显示，在大众点评每月超过 35 亿次的综合浏览量里，移动端占比超过 75%，移动客户端累计独立用户数超过 9000 万（2013 Q4 数据）。为了获得更多的商家，拥有更多线下商户端口，腾讯决定入股大众点评。

2014 年 2 月之前，大众点评正式入驻微信，开启了腾讯入股大众点评之门。2014 年 2 月，腾讯入股大众点评并获得 20% 的股权。此次入股合作，腾讯将获得大众点评众多的线下商户资源，而大众点评也将获得腾讯的流量入口。腾讯引入大众点评，在餐饮等频次高的领域创造消费场景，微信支付可借此扩展到更广泛的人群，最终有望在支付领域实现逆袭。

3．入股乐居

为了更好地抢占、培养用户的手机支付和移动消费习惯，更快地实现 O2O 战略，2014 年 3 月，腾讯在乐居上市前入股乐居，并以 1.8 亿美元收购乐居 15% 的股份。

乐居是一家 O2O 房地产服务提供商，主要提供房地产电子商务、在线广告和在线挂牌出售服务。其平台包括覆盖超过 250 个城市的地方网站及多款移动应用，此外还运营新浪和百度的多个房地产和家装网站。据艾瑞咨询的报告显示，2013 年国内房产电商市场规模达 99.9 亿元，其中乐居互联网及电商集团居第一位，占比达 28.7%，而搜房网居第二位，占比为 27.1%。乐居在我国房产电商中居首位，积累了丰富的线下资源。因此，入股乐居将为微信用户提供乐居丰富的房产信息，为腾讯进驻房地产电商领域奠定基础。

（六）加速 O2O 落地——入股华南城+联姻京东

如何更好地将商品运送到用户手中，实现供应链闭环，是 O2O 生态圈非常重要的一部分。为了实现供应链闭环，充分加快 O2O 落地，腾讯先后入股华南城、联姻京东。

1．入股华南城

随着电商竞争的不断下沉和重资产化，自建仓储物流逐渐成为电商获胜的法宝，而腾讯电商的仓储物流是严重依赖第三方物流的，因此，在仓储物流上，腾讯电商的劣势越来越突出，并将成为其快速发展的最大障碍。而华南城是商业地产中的佼佼者，牢牢把握着实体经济中的生态圈，不仅拥有实体商店——奥特莱斯百货购物中心，还拥有七个跨行业实体商贸物流城，并且这些商贸物流城地处中国地区的经济枢纽。因此，腾讯与在全国仓储物流总体规划上有千万平方米体量的华南城合作，对自身的仓储物流建设意义重大。

2014 年 1 月中旬，腾讯入股华南城，以 15 亿港元（约人民币 11.7 亿元）的价格收购华南城 9% 的股份，就电子商务、O2O 零售、品牌特卖、支付及仓储物流等线上线下一体化商贸领域进行全面合作。这使得腾讯补足物流短板，与阿里争抢线下资源又多了一个筹码。

2. 联姻京东

腾讯的O2O还缺配送这一环，并将渠道下沉到三四线城市，打通“最后1公里”。而物流，尤其是快速物流，却是京东的强项。

京东作为中国最大的综合网络零售商，是中国自营B2C行业的领导者，占据了45%的市场份额。截至2013年12月31日，京东在全国34个城市建立了82个仓库，其总面积超过130万平方米。同时，京东还在全国460个城市拥有1453个配送站和209个自提点。另外，京东在31个城市为消费者提供“211限时达”服务，拥有18005名专业配送员、8283名仓库员工及4842名客户服务人员。京东还为全国206个城市的消费者提供“次日达”服务。因此，联姻京东将是腾讯实现快速配送最好的选择。

2013年3月，腾讯入股京东。腾讯将QQ网购和拍拍归入京东，并让渡易迅部分股权给京东；同时，腾讯获得京东15%的股权，以及5%的IPO前优先认购权。这使腾讯将通过京东为用户提供一流的电子商务服务，并且使腾讯的物流配送向三四线城市覆盖，覆盖区域更广泛。

总结腾讯以上行为，腾讯的O2O生态圈布局如下。

- 以微信为核心，提供线上/线下互联网入口。
- 以微信支付方便用户购物，实现交易闭环。
- 完善仓储物流，快速配送，实现供应链闭环。
- 以LBS和QQ地图提供位置服务，快速连接线下实体商品或服务。
- 入股O2O细分领域（打车、服装、餐饮、房产等），获得线下商户端口，完善O2O领地范围。

腾讯O2O生态圈布局已经初步呈现。为了更好地构建O2O生态圈，腾讯一直在努力。这个O2O生态圈是否能达到其预期效果，让我们拭目以待。

第十五章

微信开放平台与电商战略的启示

吴 波[1]

微信开放平台为腾讯发展电商提供了一条用好用足“后发优势”的快捷通道，这是一条超常规和非传统的电商发展之路。

首先，互联网巨头的开放平台的关键价值源于其庞大的用户资源，而后者在本质上属于一种特定的被组织起来的全息“关系”或“联系”。

每个互联网巨头都掌握结构各异、规模巨大的“全息关系”资源，开放平台战略给创业者带来的最大价值在于对“全息关系”的分享可能。由此可知，固然任何创新运用只要具备一定的对“全息关系”的杠杆撬动能力，即可成为迅速崛起的新的平台竞争者，对腾讯等巨头而言，在“全息关系”分享方面无疑更具有强大的先发优势。而腾讯在开放平台之前正在做的一件非常正确的事，恰恰是将既有用户间通过 QQ 建立的“全息关系”尽可能多地转换为社会化的网页关系。与新浪偏重技术层面，平台运用者起点规模小、门槛低的平台发展路径相比，腾讯电商战略直接从并购中小网站入手，具有技术与商业融合并重、合作方规模起点高、创新纽带与资本产权纽带结合的优势，令人联想起新浪在博客和微博中运用的“明星战略”。或许可以说，腾讯在发展开放平台中也引入了企业层面的“明星战略”。

其次，腾讯的电商发展将为其开放平台创造良好的商业价值源泉和社会运用

---

1 吴波，中国企业家世纪论坛副主席。

基础。

腾讯巨大的用户群及用户流量从根本上源于社会，开放 App 和发展“社会开放平台”对用户的分享使其成为“社会化的用户管道”，更多中小 App 应用开发者为这条可以不断向电商输送全息资源的管道提供了两大支持：一是更多、更细的“社会化的用户管道”，二是获得用户流在上述双层次“社会化的用户管道”中循环流动的更大动力。而腾讯将开放平台与电商战略的融合改变了电子商务中“网商”的传统概念，在阿里巴巴用户、淘宝店铺等在线贸易商之外，包括网站、工厂、开发者、咨询机构、中介组织等在内的一切在线商业组织在腾讯平台中事实上都已被定义将成为“网商”，这会向其开放平台输送更为深厚的用户价值和经济后盾。

第三，微信开放平台与电商战略的结合反映了互联网竞争的某些未来趋势。

作为未来商业竞争的高级形式，互联网开放平台竞争将成为巨头之间的终极竞争。互联网开放平台竞争最终必须落实到将“用户”的对外开放，这也将影响包括传统商业在内的一切竞争领域。在扩大第三方运用和网站合作阵营的同时，支持其对诸多其他开放平台的综合运用，进而改造其为跨平台的资源输送管道来促进自身平台的发展，这应成为互联网巨头发展开放平台的重要竞争战略。或者可以说，“社会化开放平台”竞争开启了一场新的互联网圈地运动，只是其所“圈”之“地”变为了基于平台的应用开发者。

开放平台战略的普遍实施让互联网巨头的竞争进入“社会化平台竞争”阶段。未来的竞争格局将呈现出一幅在技术、利益、用户、信息、文化、资金等诸多方面实现强烈的社会化融合与重组的宏远图景，以更好的社会化平台服务吸引更多的平台使用者成为制胜之道。在这一过程中，互联网巨头实现从“终端用户社会化”向“平台用户社会化”的转变——尤其是类似腾讯这样在技术和商业两个层面推进的“平台用户社会化”更是威力巨大，“社会化”结构和层次发生了根本的变革。从竞争的角度看，未来的平台巨头必须以普遍化服务维持可持续的用户增长或用户关系与行为的增长，否则将因为无法留住平台使用者（同时也是竞争盟友）而崩溃。

腾讯电商战略揭示了互联网巨头之间通过平台开放培育“社会化代理人”的

目标。在平台开放大潮的引领之下，互联网竞争正在迈入“代理人竞争”时代。正在兴起的互联网平台开放大潮的根本目的并非是实现无利益边界的全面开放共赢，相反是希望以内部体系的开放共赢为核心目标，通过一段时间的重组，整合遴选出在不同垂直领域能与自身既有资源优势实现最优对接、协同的中小合作者，进而组织庞大的商业、技术和利益同盟，参与下一步更为波澜壮阔的全面竞争。在这一过程中，广大中小合作者则转变为腾讯平台竞争的“代理人”，与百度、新浪等其他平台“代理人”展开竞争。

最后，开放平台给互联网利益赢利分配的模式和格局带来巨大变化。

从腾讯电商战略与开放平台的结合方式可以预见，其“社会化开放平台”赢利模式属于事关平台提供者与应用开发者双方的“复合赢利模式”，这也为“社会化开放平台”的赢利本质给出了重要的提示。必须认识到，“社会化开放平台”的赢利基于“社会增值”，属于典型的“社会利润”分成，或者说属于一种因参与社会建设而获得的“社会红利”。以此引申，既然“社会化开放平台”的“法定”赢利源于其平台运用开发者的“社会赢利”分成，那么任何开放平台都必须保持基本的第三方立场，对平台运用开发者绝不能作出抄袭之举，否则将严重影响其平台信用，从而给其平台价值带来巨大冲击，这也是未来平台竞争的一条基本商业逻辑。

第十六章
微信开放平台的特点及前景

吴　波

一．微信是一个“关系为王”的功能平台

2012年8月下旬，微信推出公众平台。之后，众多的媒体、企业、机构、“大V”等纷纷开启了自己的微信公众账号，并像在微博里面一样不遗余力地进行宣传。2013年11月，一项关于微信公众账号在新浪、腾讯微博受关注度的统计显示，新浪有105万余条讨论、腾讯也有近11万条话题，微信公众账号的火热程度可见一斑。

微信公众账号的本质是什么？目前比较多的认识定位是一种个人品牌和沟通展示工具，实质不然。微信公众账号在根本而言，代表了一种最具个性化和多样的功能平台，功能将是微信公众账号的未来核心所在。

没有沟通互动，没有内在价值，没有特定功能，都不可能形成品牌。如果说微信公众账号只是对某种具有特定功能的既有应用承担着一定程度上的客户服务和形象展示作用，那就谈不上成为一个功能平台。而微信公众账号的前景却与之相反，每个账号都将实现直接的功能服务，内容甚至可以囊括既有的功能结构。

人人有自己的网站，这作为一个愿景，自博客诞生以来就为无数人所憧憬。但事实却是，博客没有承担起个人功能平台的作用，后续包括微博等在内的诸多应用，都未能成功地转变成个人功能平台。一个合格的个人功能平台，应该能够根据个人的特定需求，给予从内容、到关系、到价值等方面强大而开放的技术支持。

细究下来，博客和微信在许多方面具有相通之处。两者都可以为个人带来强大的展示和沟通功能，都致力于为用户提供个性化、多样性的内容和关系管理工具，都是个人在全息网中的某种扎根之所。但两者之间存在的巨大差异，除了移动服务属性不同之外，微信公众账号还可提供远超内容关系管理之外的诸多支持。

仅就内容关系管理而言，微信公众账号在具体的技术实现方式、沟通互动流程、服务结构等方面的可扩展性也超过了博客，博客的写作和发布框完全可以在微信中实现，但反之，在微信中可实现的IM、新闻、BBS、电子邮件、SNS、LBS等诸多功能，却无法在博客中实现——虽然上述服务结构如何实现微信化仍有待探索。

相比微博而言，抛开移动化和IM属性差异不谈，我们稍微琢磨一下就可以发现，微信公众平台几乎是错位版的微博：微信中来自朋友的“微信”，对应的是微博中的私信、通知；“通讯录”对应的是微博中的关注、粉丝；“朋友们”中“朋友圈”对应的是微博内容列表，但把“@”改成了“赞”，“评论”则一点没变。

但值得深思的是，恰恰是上述看似简单的变化，赋予了微信公众账号强大的用户支撑，以及在用户习惯养成方面的内在支持。这些变化，变微博的“以内容主导关系”为微信的“关系以主导内容”，再次证明了我们已经走出“内容为王”的年代，走进了“关系为王”的年代。

这一变革固然通过微信得到了强化，微信也成为其最大的受益者。但是，其对于微信在成为功能平台方面的优势和发展又产生什么样的实质影响了呢？

答案是：功能平台的运作对象远远超过了内容，仅以微博以特定类别的短内容及其所主导的部分相关关系，无法形成全面的功能支持。甚至可以说，博客是在微信上实现的某种应用，但不代表全部。即便是在现在，如若微博希图发展类似微信这样的功能平台，也只能削弱微博内容对关系的主导，转而全力做好笔者多次强调的全息存量关系及其路径的外化、挖掘和价值转换工作。

微信的高速成长被视为一个奇迹，其实这恰恰是一个关系自我增长和修复的奇迹。如果以病毒扩散比拟的话，令微信成功扩散的“病毒”正是“关系”，是原本就存在于社会活动各角落的无处不在的联系。在手机关系之外，等待着微信、微博去创新性地挖掘的关系类别还有很多。

以上以博客和微博作比，分别探讨了微信公众账号成为综合性功能平台的根本原因所在。我们还可以引申出一些初步的认识，也许可有一定的启发作用。

- 成为强大的功能平台的前提并不是一般认识上的“要有庞大的用户”那样，而是“要积累庞大的关系存量和探索和掌握庞大的关系路径”，进而形成爆炸性的转换——微信模式与大数据挖掘的关系确实值得深入探索。
- 在当前巨头争相开放用户的形势下，任何创新和商业模式都要转变对“用户规模”和“注册用户”的传统认识，面向用户的关系、活动才是竞争之“王道”。
- 要做好准备，迎接“人人网站”时代的到来。这实质上也是一个网站趋于消亡的时代，用户将更加自由，用户注册已不再是有效的枷锁，最根本的是让用户产生价值认同。
- 任何创新服务和商业模式，要想形成用户黏性，都必须突破传统认识的误区，高度地强化关系意识，当用户深陷于某种全息关系的蛛网结构并因此获得了价值时，他们才会乐此不疲、乐不思归。

二．微信开放平台的服务结构需进一步完善

微信公众平台目前面临一个任务，就是如何在保持开放的低门槛的同时，提升各类应用的用户体验。

以目前在对话框内的互动响应式服务相比，在菜单形态上无疑还是传统而多样的 App 结构更具吸引力。但如何把对话响应转变为功能菜单，需要在认识上有实质性的突破。例如，如果引入用户按钮，具体放在什么位置？再如，是否以对话框形态直接向开发者提供开发后台支持？还有，如何将用户信息开放等。

对话框内的互动响应式服务有用户上手快、开放简易等优点，但也可能因其在流程上的顺序性应产生重复冗长的操作，给用户增加不便。而 App 应用作为一种成熟的移动端应用开发形态，在技术、商业、服务等方面都已形成一定的经验、资源积累和体验方面的用户认同，因此，微信完善平台开发和服务必须充分借鉴 App 模式。

当然，这种借鉴不可能是原样的照搬，而需要从根本上思考一个问题：为什么 App 模式能够在实践中发展成为移动端应用的主流形态？下一步随着 HTML5 的成长和扩张，App 是否会被冲击乃至替代？

App 在手机空间占用等方面都存在很多问题，虽然手机的发展最终可能在空间方面不再有很大的压力，但至少目前情况下，用户在手机中安装 App 并不是没有限制，相比之下，PC 应用对空间资源几乎没有依赖，这是 App 面临的一个很大的问题。值得重视的是，微信恰恰在这个方面可以很好地解决上述问题。

至于 App 的服务结构，理论上讲，各类应用全都可以找到在微信上面的实现形式，未来演变的趋势可能是这样的：一方面，对话响应式的服务模式在一些简单应用中继续流行；另一方面，一些进驻微信的大型综合应用将拥有 App 的服务形式，但一切数据都通过微信传输，与各自的后台进行交互和响应。

我们可能需要以反常规思维去思考，因为一些有价值的答案往往就是由此而来的。具体讲，反常规要从最常规的方面“反”起。一是对话框是不是只能是 2 个？二是下方的输入框是不是不能成为某种响应框？三是在用户应用过程中是不是只能始终保持对话框的形态？四是如何提供用户分类？

当然，在开放方面还有一些大的战略认识问题。目前微信公众平台的开放应以技术开放优先还是以商业和用户开放优先？是以开发资源开放优先还是以商业和用户资源开放优先？是真正保持第三方的平台角色以搭建生态环境和提供匹配资源为主来取信于开发者，还是冒着失信的风险对某些应用垂涎三尺、身体力行？

当前，微信公众平台的结构和形态尚未成熟，“开放之旅”也只迈出了小小的第一步。如何以微信和腾讯的生态为基础，更好地与 App 应用传统和 HTML5 开发趋势结合，已经成为摆在微信面前的一个问题。

第六部分

展望篇

艾媒咨询集团

第十七章
即时通信产品发展分析

一．国外即时通信产品分析

根据市场调研机构 eMarketer 预计，2014 年全球智能手机用户将达到 45.5 亿。虽然全球移动用户的增速正在放缓，但在亚太、中东和非洲等地区，新用户将进一步增加。2013 年至 2017 年，手机普及率将从全球人口的 61.1% 上升至 69.4%。另据“互联网女皇”、KPCB 合伙人玛丽·米克发布的《2014 年互联网趋势报告》显示，全球 OTT 消息服务在 5 年内已累计超过 10 亿用户，2013 年全球智能手机出货量已达 10 亿部。

信息应用的增长折射出近年来互联网使用方式的巨变，移动即时通信具备了网络时代同类产品的基本功能，并充分融合了移动化、本地化和个性化元素，催生了众多新一代即时通信应用。

当前，国外市场主流即时通信工具包括 WhatsApp、LINE、Viber、Kakao Talk、Tango、Kik、Facebook Messenger 等。

（一）国外即时通信用户规模与主要市场分布

国外即时通信产品用户规模如表 17-1 所示。

表 17-1　国外即时通信的用户规模

应用名称	国家	推出时间	用户基数	截止时间	主要市场
WhatsApp	美国	2009 年	6 亿	2014 年 8 月	西欧，美洲
Facebook Messenger	美国	2011 年	5 亿	2014 年 11 月	美国，欧洲
LINE	日本	2011 年	5.6 亿	2014 年 10 月	日本，东南亚
Viber	以色列	2011 年	6.08 亿	2014 年 8 月	中美洲，非洲
Kakao Talk	韩国	2010 年	1.4 亿	2014 年 4 月	韩国及周边

数据来源：艾媒咨询根据官方数据整理制作

全球即时通信类产品首推 WhatsApp。2014 年 8 月，WhatsApp 首席执行官兼创始人 Jan Koum 表示，该移动通信应用的月活跃用户数已突破 6 亿。另据 AppAnnie 数据显示，WhatsApp 长年占据美国免费 iPhone 应用当日排行的前 30 名。Mobidia 的数据也表明，全球 41% 的安卓用户曾经下载 WhatsApp。当前，WhatsApp 的用户分布最为广泛，遍及欧洲、南美洲、北美洲、亚洲和大洋洲，并在多个国家处于领先地位，近期在巴西、印度、墨西哥和俄罗斯等国家的用户成长最快。

Facebook Messenger 最初是为方便 Facebook 用户交流而开发的，类似新浪微博私信功能的垂直应用。2011 年 8 月，Facebook Messenge 成为独立应用，并成为继 WhatsApp 之后用户分布最广泛的应用产品，但主要用户仍位于较多使用 Facebook 的美洲和欧洲市场。2014 年 4 月，Facebook 宣布“强拆”移动客户端短信功能，Messenger 或成为用户的唯一选择。此项改革引起欧洲地区部分用户的不满。

LINE 由韩国互联网集团 NHN 的日本子公司 NHN Japan 于 2011 年推出，赋予娱乐性和情感性的表情贴纸成为其产品特色，其运营团队会主动寻找在年轻用户群体中流行的动漫形象，购买版权而将后者纳入 LINE 的贴图商店销售，当前贴图总计已达上千种之多。其中，LINE 官方设计的“馒头人”特色鲜明，“可妮兔”、“布朗熊”和“詹姆士”饱受用户好评。2014 年 10 月 30 日，韩国网络公司 Naver 发布了当年第三季度的业绩报告，并公开了 LINE 今后的发展计划。数据显示：LINE 2014 年第三季度销售额达 2085 亿韩元（约合人民币 12 亿元），较去年同期增长 57.1%，环比增长 13.8%；LINE 目前全球累计用户数为 5.6 亿，月活跃用户数为 1.7 亿，其中超过一半来自日本、泰国和中国台湾地区。

Kakao Talk 于 2010 年 3 月在韩国上线，产品功能包括：以实际电话号码管理好友；借助推送通知服务，与亲友和同事快速收发文字信息、图片、视频及进行语音对讲。Kakao Talk 韩国智能手机的市场渗透率为 55%，KaKao 用户覆盖率为 95%。截至 2014 年 4 月，全球用户规模为 1.4 亿，被誉为“韩国微信”。其旗下推出的手游平台 KakaoTalk Game 用户数量于 2014 年 4 月累计突破 5 亿。

LINE、KakaoTalk 与 WeChat 并列成为挑战 WhatsApp 全球地位的三款亚洲通信软件。三款应用都发迹于母国，然后向周边国家扩张，重点集中在东南亚或南亚国家。除了母国地缘因素之外，该地区庞大的人口规模、日渐健全的基础设施，避开 WhatsApp 的强势竞争，成为 WeChat 、LINE、KakaoTalk 三款应用进军上述地区的主要原因。

（二）各国即时通信应用功能比较

目前较为流行的即时通信工具的功能对比如表 17-2 所示。

表 17-2　即时通信应用功能对比

功能	产品	WhatsApp	Facebook Messenger	LINE	Viber	Kakao Talk	WeChat
基本价值	短信	√		(√)		√	√
	电话				√		
多样化需求	发送图片	√	√	√	√	√	√
	发送语音	√	√	√	√	√	√
	发送视频	√	√	√	√	√	√
	送达回执	√		√	√		
	已读回执		√	√	√	√	
	贴图			√	√	√	√
	便签		√	√	√		
社交环境	群组聊天	√	√	√	√	√	√
	发起广播	√					
	共享位置	√	√	√	√	√	
	共享联系人	√		√		√	

续表

功能 \ 产品		WhatsApp	Facebook Messenger	LINE	Viber	Kakao Talk	WeChat
社交环境	屏蔽用户	√	√	√			√
	在线状态	√	√		√		
其他	多设备登录		√		√		√
	PC 端登录		√	√	√	√	√

（√）表示部分替代

数据来源：艾媒咨询根据公开资料整理制作

WhatsApp 的核心功能是通信，它属于“免费短信”类应用，即弱化社交，达到应用和手机通讯录深度整合。用户无须注册即可使用，用户的账号就是手机号码。不需要手动添加好友，也不需要对方通过同意，安装以后就可以马上给对方发信息，而且联系人名字就是手机通讯录里面的名字，使用起来和传统的手机短信没有什么区别。此外，在用户体验上，WhatsApp 因其功能简单、打开速度快、程序小、流量使用少、使用方便等得到了用户的认同。WhatsApp 的特色在于“专注”，坚持其工具属性。作为一款付费应用，WhatsApp 不用考虑通过其他增值服务来盈利。

Viber 为用户提供免费电话服务，市场前途应比 WhatsApp 更为广阔。但当前 Viber 的市场份额占比并不突出，其原因除了与运营商有利益冲突外，Viber 产品的稳定性和实用性没有被用户认可。

当前，WhatsApp 已花落 Facebook，但来自亚洲地区的三款应用 Kakao Talk、微信和 LINE，用户规模的增长和海外市场的拓展较引人关注。

Kakao Talk 是东亚地区最早上线的即时通信应用，其诸多创意也被后来的即时通信应用沿袭与复制。微信的“天天酷跑”和“天天爱消除”便是 Kakao Talk 的 Ani Pang 和 Dragon Flight 两款游戏的翻版。

Kakao Talk 的创始人 Hangame 背景雄厚，十多年前创立了韩国最大的游戏平台 Hangame，后来担任韩国最大的互联网集团 NHN 的 CEO，其对 Kakao Talk 的产品定位为“Smart Social Connector”，让 KakaoTalk 成为所有 App 的连接中心。

相较于微信构建大一统的移动平台，试图整合移动端的方方面面，LINE 的定位和特色更为清晰，即在基本的移动通信和传统社交网络间寻找契合点，构建多产品的战略布局，通过 LINE 和周边游戏、工具形成一整套产品群体。LINE 研发团队认为，诸如 LINE 相机、LINE 卡片、LINE 笔刷等产品虽拥有数千万的用户，但并非是“人人都需要的产品”，如果把这些功能都塞进 LINE 里，会使产品变得十分臃肿。多产品线的战略布局已使当前的 LINE 成为非常完善的社交网络平台，拥有时间线、照片、微视频等多项功能。显然，LINE 的定位清晰准确，即主打年轻市场的通信产品（如图 17-1 所示）。

图 17-1　LINE 的产品线

与 LINE 产品家族的布局不同，微信集多种功能于一身，已从单纯的聊天工具发展为多种功能的复合体、巨无霸，已近超出了社交的范畴，除了聊天功能，还有朋友圈、漂流瓶、游戏、微信支付电商、公众平台等。此种产品设计让微信逐渐开始变得臃肿。

（三）商业模式

当前，即时通信类应用的商业模式共有两种——卖 App（付费应用或内置增值服务）和卖用户，如表 17-3 所示。

表 17-3 即时通信应用的商业模式

商业模式	Kik	Kakao Talk	Viber	LINE	WeChat	WhatsApp
支付/订阅	×	×	×	×	×	√
贴纸	√	√	√	√	√	×
付费表情	×	√	×	√	√	×
公共账号	×	√	×	√	√	×
内容营销	×	×	×		×	×
平台服务插件端口	√	√	×	√	√	×
移动支付	×	×	×		√	×

WhatsApp 是唯一一个向用户收费的即时通信应用，每年向用户收取 0.99 美元，无功能限制。WhatsApp 致力打造纯粹的通信体验，没游戏，没广告，没噱头。WhatsApp 靠着数亿用户，每年收入数亿美元，超过同类产品的盈利能力，但是这种模式的弊端很明显——后期乏力。2014 年 2 月，WhatsApp 被 Facebook 收购，“即时通信+社交网”或许能带来全新的商业模式。

Viber 是唯一一个向运营商收费的即时通信应用。Viber 凭借庞大的用户群优势，通过与移动运营商合作提供终结器服务费获取营收。这种模式并没有开发出全新的市场，而是在夹缝中求生存，未来发展空间存在限制。

LINE 的盈利构成主要分为四个部分：表情贴图等的应用内购买、周边应用的游戏收费、品牌授权和品牌实体店销售。其中，表情售卖一项每年可获得超过 1000 万美元利润，衍生实体商品销售所获得利润超过 4000 万美元。2014 年第一季度 LINE 营收 1.43 亿美元，其中游戏贡献了 60% 以上的收入，而应用内付费是这些游戏的主要盈利方式。此外，LINE 的贴图文化颇受用户追捧，并带来了不菲的收益。2013 年 8 月，LINE 宣称其用户每日共发送超过 70 亿条信息、10 亿个贴纸表情，这为其带来了 1000 万美元的收入。受此启发，国内微信、米聊等应用也因开始出售表情业务。2013 年开始，LINE 将贴图改编成动画演绎，进军动漫行业。由于 LINE 的母国——日本拥有动漫产业优势，因此，在 LINE 的全球化进程中，动漫将起到重要作用。

Kakao Talk 联合 CEO 李塞谷介绍，目前 Kakao Talk 营收 70% 来自游戏，另外

30% 则来自广告、表情及一款名为 Kakao Gift 的移动电商产品。凭借《拼图解密》（Ani Pang）和《飞龙骑士》（Dragon Flight）等流行游戏，KakaoTalk 在数年前就开始盈利。2013 年上半年，Kakao 实现了 3.48 亿美元的营收。但最近有迹象显示，Kakao 正在失去动力，新发布的游戏没有一款能如《拼图解密》和《飞龙骑士》般成功，一度疯狂增长的游戏收入正在放缓。到目前为止，Kakao Talk 仍过于依赖游戏业务，而游戏收入增速的放缓使得该公司不得不寻找新的收入来源。此外，微信与 LINE 在全球范围内的势力拓展有逐渐胜出 Kakao Talk 之势，其原因在于 Kakao Talk 缺乏足够的资金支持，已难以保持创新优势。

2013 年以来，LINE 与 KakaoTalk 的战火已从网络转移到线下商店，两家均把自家最受欢迎的聊天表情设线下专卖店销售。2013 年 10 月，LINE 在韩国首尔明洞开设了全球首个线下品牌门店，此后相继转战台湾、泰国和印尼等地，并于 4 月 22 日在首尔乐天百货总店 Young Plaza 一楼开设了周边产品正规卖场，其销售额是以往店内品牌的 3 倍之多。Kakao Talk 于 2014 年 4 月在首尔成功开展“POP-UP Store”后，又相继在现代百货木洞、贸易中心店进行了为期 18 天的宣传活动。在首次活动中，仅 3 天就卖出约 2 万件商品，第五天销售额更是突破 2 亿韩元（约合人民币 121.34 万元）。

值得关注的是，移动电商成为 WeChat、LINE 重点布局的模式。目前，移动电子商务流量占电子商务流量的 1/4，成为增长最快的电商领域，而且用户也越来越习惯在手机上购物。根据 VisionMobie 的最新调研数据，电子商务销售作为盈利模式的选项从 20013 年 Q3 的 5% 增至 2014 年 Q1 的 8%。因此，移动电商被视为回报最高的盈利模式之一。

LINE 于 2013 年 8 月开始布局移动电商，正式推出旗下移动电商应用 LINE Mall。LINE Mall 以图片瀑布流的形式向买家展示商品，购物流程类似于淘宝与天猫。买家购买商品后将付款信息提交给 LIEN，当买家收到商品后，商家才会收到款项。LINE Mall 这一购物平台较为开放，卖家仅需要简单的三步就可以免费将商品提交出去，即上传商品图片、写下商品信息及将信息提交给后台，LINE 会在审核后进行发布。支付方面，所有商品交易过程都会由 LIEN 协助完成，LIEN 公司会从每笔成功的交易中收取 10% 的交易费。与此同时，LINE Mall 中融入了积分系统，购买成功后，买家均会获得价值 1 日元的积分，可用于兑换其他折扣。

（四）小结

美国的即时通信产品较为专注，美国用户的使用习惯也较为实用，不大喜欢一款应用负载过多的功能。例如，WhatsApp 只专注于通信，Facebook 始终坚持其社交网站的特质。

微信、LINE 与 Kakao Talk 这三款亚洲即时通信应用，在产品功能、盈利模式上有诸多相似之处，作为同类产品在海外市场的角逐也日渐激烈。LINE 的目标是希望成为用户在移动互联网上的一站式服务提供商，构建多产品应用的布局，形成一套能够满足用户不同需求的矩形体系。微信则整合多种功能，平台式运作。

二. 国内即时通信软件发展分析

根据 CNNIC《第 34 次中国互联网络发展状况统计报告》显示，截至 2014 年 6 月：我国即时通信网民规模达 5.64 亿，比 2013 年年底增长了 3208 万，半年增长率为 6.0%；即时通信工具率为 89.3%，较 2013 年年底增长了 3.1%，使用率仍高居第一位。

即时通信作为网民最基础的网络需求，不仅稳居网民使用率第一位，还呈现出使用率稳步增长的态势，究其原因，主要是手机即时通信用户的快速增长。截至 2014 年 6 月：我国手机即时通信网民为 4.59 亿，较 2013 年年底增长了 2842 万，半年增长率达 6.6%；手机即时通信使用率为 87.1%，较 2013 年年底提升了 1%。

当前，微信与手机 QQ 的用户覆盖率暂居国内即时通信工具首位。国内的即时通信软件多达十几款，包括微信、手机 QQ、陌陌、米聊、遇见、来往、易信等。与微信正面交锋失利后，各款即时通信应用开始寻找差异化定位，避开微信的优势，寻求新的社交空白区。

（一）主要应用分类与用户规模分析

1．应用分类

以社交倾向而论，微信与手机 QQ 主打熟人社交，打通了用户通讯录这一资源，并沉淀了用户 PC 端多年积累的社交资源，微信的社交生态也较为封闭。陌陌前期和遇见主打“附近特色”，基于 LBS 搜索陌生人交友是其产品特色。来往推出初期紧随微信，受挫后，于 2014 年 5 月推出新版本，重点推出“扎堆”功能，转型兴趣社交。

就产品设计而言，手机 QQ、手机人人与 YY 语音，其主要功能与设计一定程度上体现了 PC 端设计的延伸；微信、来往、陌陌则为移动端使用场景与使用习惯量身定做。此外，中国的即时通信软件市场上还具有运营商背景的移动社交应用，如飞信、易信。

2．用户规模

当前，国内即时通信应用注册用户达亿级的用户主要是微信、手机 QQ、手机人人、陌陌等，其他产品的注册用户量以千万级居多，如表 17-4 所示。

表 17-4　国内即时通信应用用户规模

产　　品	用户规模	截止时间	所属公司	上线时间
手机 QQ	5.21 亿（活跃用户）	2014 年 6 月	腾讯	2003 年
微信（含 WeChat）	4.38 亿（活跃用户）	2014 年 6 月		2011 年 1 月
陌陌	1.803 亿（注册用户）	2014 年 9 月	陌陌科技	2011 年 8 月
有你	1 亿（注册用户）	2014 年 1 月	盛大网络	2014 年 1 月
米聊	4000 万（注册用户）	2013 年 8 月	小米科技	2010 年 12 月
易信	1 亿（注册用户）	2014 年 7 月	网易、中国电信	2013 年 8 月
遇见	3200 万（注册用户）	2014 年 3 月	遇见网络科技	2011 年 10 月
来往	1000 万（注册用户）	2013 年 11 月	阿里巴巴	2013 年 9 月
手机人人	1.94 亿（注册用户）	2013 年 11 月	人人网	
飞信	9000 万（活跃用户）	2013 年 12 月	中国移动	2007 年 6 月

数据来源：艾媒咨询根据官方资料整理制作

3. 产品分析

当前，国内各款即时通信工具的定位各有侧重，形成了各自的特色。手机 QQ 凭借早期的优势积累，产品已逐渐倾向平台化，成为整合 PC、移动端，并集通信、社交、娱乐、学习、安全等各大功能于一体的 IM（即时通信）平台。微信的用户群体偏重年轻的智能手机用户，推出早期主要以语音聊天等特色赢得用户青睐。陌陌的最大特点是基于地理位置进行陌生人交友，具有"陌陌吧"等活跃的组群，容易促成线下关系的实现。

进入 2014 年 5 月，社交工具的竞争更趋白热化，开始从线上征战到线下"抢夺"用户。2014 年 5 月 4 日，陌陌系列平面广告正式发布，共有六大主题，目前已经在北京、上海、广州、深圳、成都五大城市的地铁站、公交候车站及出租车上进行了大规模投放。陌陌以"总有新奇在身边"为品牌理念，试图让产品本身变得更加丰富与多维，而不仅仅是一个单纯的 IM 应用。群组和留言板功能，使陌陌具备了真正意义上的社交网络，而"陌陌吧"的增加则标志着陌陌兴趣社交的开启。可以看到，陌陌想做的不只是陌生人交友工具，而是希望能够成为用户生活的一部分。

与前面几款应用相比，易信更具渠道优势。易信为网易与中国电信联合推出，因具有运营商背景，可为用户提供电话留言、SMS 短信、免费电话等服务。但随着手机 QQ 4.7 版推出互联网语音通话功能，用户可通过手机 QQ 直接与手机通讯录联系人和 QQ 联系人通话，易信免费语音通话的优势亦在一定程度上受到削弱。2014 年 5 月，易信推出面向陌生人的"问一问"社交娱乐功能。易信"问一问"根据用户年龄和话题对问题进行划分，用户可以有针对性地提出问题，并迅速得到解答。易信预置的标签主要为生活类，这意味着易信"问一问"将是一个主打生活化问答的社区。"问一问"采用了众筹模式，并限制了答题时间，鼓励用户快速参与。"问一问"能否成为易信走差异化路线的一枚利器，关键在于"问一问"的产品能否提供完美的用户体验。

来往则依托阿里巴巴做社交媒体的背景优势。2014 年 5 月，来往正式推出 5.0 版，重推"扎堆"功能，设置了时尚、美食、明星、八卦等 27 个话题，用户浏览和评论扎堆动态，可分享到微信好友、朋友圈、微博等社交平台。对于来往而言，如何避免讨论内容过于冗杂、产品复杂度过高，如何提升兴趣群组活跃度，选择合适的群组，成为来往转型兴趣社交的关键，而这一切需要时间和经验的积累。

（二）即时通信应用功能比较

1. 主要功能对比

国内即时通信应用功能对比如表 17-5 所示。

表 17-5　国内即时通信应用主要功能对比

产品名称	手机 QQ	微　信	来　往	陌　陌	易　信	手机人人
通讯录	√	√	√	√	√	√
社交资源	无	QQ 好友	淘宝账号，微信账号，新浪微博	微信，微博	微信	校友推荐
二维码	√	√	√	×	√	√
摇一摇	×	√	√	×	×	√
附近的人	√	√	√	√	√	√
地点漫游	×	×	×	√	×	×
好友推荐	√	√	√	×	√	√
分类筛选	×	×	×	√	×	×
公共群组	√	×	√	√	×	√
公共账号	×	√	√	×	√	√
动态信息	√	√	√	√	√	√
群聊	√	√	√	√	√	√

数据来源：艾媒咨询根据官方资料整理制作

2. 社交资源与功能分析

手机通讯录集中了用户现实中最真实的社交资源，各款主要应用均试图导入用户通讯录资源，以期望将社交网络资源与用户现实紧密联系。而对于用户的通信功能应用而言，手机 QQ 与微信几乎是不可替代的，用户在 PC 端长期积累的社交关系网络只有通过手机 QQ 与微信才能够成功无缝对接导入。相对而言，陌陌主打陌生人社交，其分类筛选功能可为用户提供较为精准的匹配陌生人社交。

各款应用也融合了移动端特色，LBS 功能受重视，都设置了搜索“附近的人”功能。来往与手机人人都拥有原平台背景，均导入了原有平台的社交资源。来往对接淘宝账号资源，手机人人保持了其定位特色，引入用户高校人脉资源。

公众群组可设置不同的兴趣群组，各款应用除了微信外均设置了这一功能（腾讯近期引入微群组这一 App，主推兴趣社交）。当前国内的即时通信应用上均添加了社交这一元素。

目前，兴趣社交开始为国内各大互联网巨头逐渐重视，但各款应用设置的兴趣群组较为相似，题材内容重合度、同质化程度较高，难以体现差异化。

（三）用户使用习惯分析

2014 年 4 月，艾媒咨询展开“中国移动社交用户社交应用使用情况”专项调研。调研结果表明，当前国内用户使用习惯与情况具有以下特征。

1.“被窝时间”成黄金时段

艾媒咨询（iiMedia Research）调研数据显示（如图 17-2 所示）：56.4% 的用户会在晚上睡觉前的“被窝时间”使用移动社交应用；工作（上课）间隙、上下班途中等“碎片时间”仍为用户使用的常频时段；43.5% 的用户表示，闲暇时间都会使用移动社交应用。

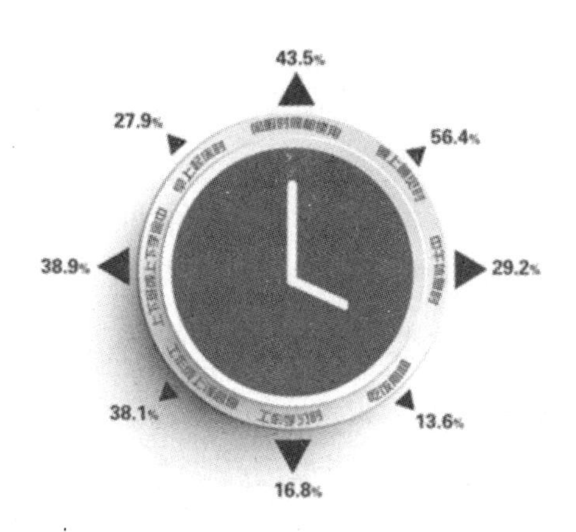

图 17-2　用户使用移动社交应用的时段

数据来源：艾媒咨询调研平台数据

2. 熟人交流占主导，用户需求多元化

艾媒咨询调研数据显示（如图 17-3 所示），“亲友、同事”等熟人联系是超过 7 成用户使用移动社交应用的首要目的，“休闲娱乐”这一因素占比 52.8%，“兴趣交流”这一目的占比 36.3%。值得注意的是，22.1% 的用户会以移动社交应用“结交新朋友”。对于移动社交应用，用户的需求呈现出多元化发展趋势，“休闲娱乐”、“兴趣交流”、“学习”等用户需求占据较大比例，这或为移动社交应用发展新的突破点。

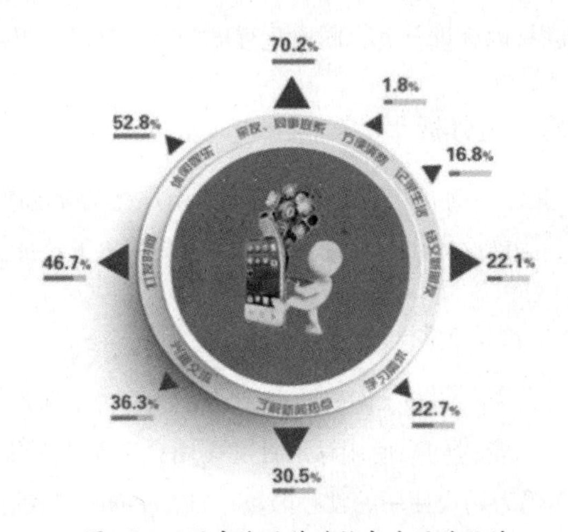

图 17-3　用户使用移动社交应用的目的

数据来源：艾媒咨询调研平台数据

艾媒咨询数据显示，将近 6 成的用户使用过或有兴趣关注垂直类的移动社交应用，以满足特定的兴趣爱好（如图 17-4 所示）。其中，最受用户青睐的是旅游户外活动（占比 30.6%）。美食菜谱类、金融理财类与健康护理类等生活服务类的移动社交应用，也有相当比例的潜在用户群体（分别占比 21.9%、22.5% 与 17.8%）。

当前微信无法兼顾用户的所有需求，垂直类、针对小众群体的移动应用仍有一定的发展空间。此类移动社交应用运营重点应以“内容为王”，着力打造“兴趣社区”，可避开微信的锋芒。

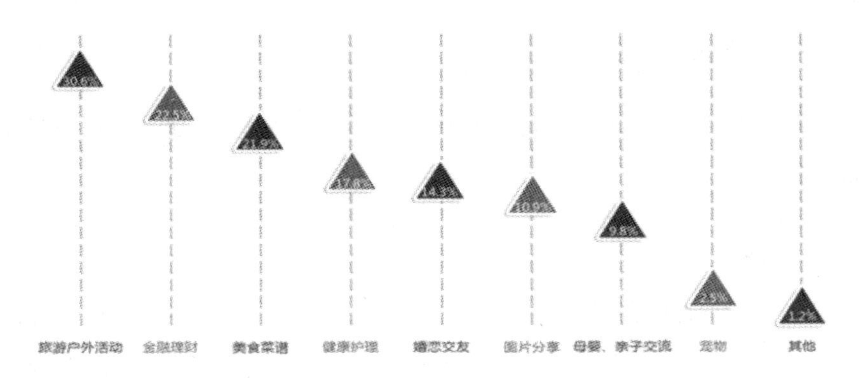

图 17-4　垂直类兴趣社交颇受用户关注

数据来源：艾媒咨询调研平台数据

3．用户交流的群体特征分析

艾媒咨询数据显示（如图 17-5 所示），66.8% 的用户更倾向于与“具有共同爱好的人”交流，“兴趣交流”这一因素占据首位；其次为“专业背景”与“工作行业”相近两大因素，分别占比 55.8% 与 51.3%。值得注意的是，“生活地域相近”这一因素占比 49.3%，而仅有 19.4% 的用户会与“主动示好”的人进行交流。用户间更倾向于与拥有“共同话题”的人进行交流，在此基础上，“生活地域相近”会进一步增强用户的交流兴趣。

图 17-5　用户交流的群体特征

数据来源：艾媒咨询调研平台数据

（四）商业模式分析

目前，国内即时通信类移动应用的商业模式主要为电商、游戏、增值服务与广告。

1. 游戏

游戏是当前各款即时通信应用最大的赢利点。微信的《天天酷跑》游戏运营日收入达到1500万元，单月收入便可突破3亿元，瞬间引爆社交游戏的高潮。腾讯2013年财报第四季度及全年财报显示，2013年第四季度，手机QQ与微信的游戏贡献了超过6.07亿元人民币的收入。而根据腾讯2014年财报：在2014年第一季度，这个数字翻了3倍，变成了18亿元；在2014年第二季度，这个数字增长至30亿元。

陌陌也在游戏方面继续发力。2014年2月7日，陌陌创始人兼CEO唐岩在微博上表示，“陌陌争霸”上线1个月，游戏激活用户达140万，营收1200万元，帮助陌陌实现了“不融资、不差钱”。

易信背靠网易。众所周知，网易早已是一家游戏公司，游戏占网易整体营收的90%。易信是否作为网易游戏平台的输出窗口，逐渐淡化社交功能，赋予易信新的用户价值，尚未可知。

游戏模式在上述几款即时通信应用中均有所体现。一方面，游戏能获得一定的盈利；另一方面，游戏的娱乐属性能增强用户的使用黏性，社交元素的引入、好友排名机制的导入则进一步增强了用户黏性。

2. 电商模式

电商模式通过绑定支付系统，用户通过即时通信应用的电商专区购物，通过移动支付功能完成支付，从而形成电商闭环。当前，手机QQ在“吃喝玩乐”板块导入大众点评网，用户可通过QQ钱包完成在线支付。腾讯成立微信事业群之后，微信整合了腾讯O2O事业群，也必然在O2O领域逐步发力。

微信的移动电商之路近期的推进力度较大。在与京东结盟后，于2014年5月正式为京东开放平台，5月29日正式推出微信小店，构建“去中心化”与“中心化”两种商业模式。“中心化”的电商平台是指上线的京东入口，“去中心化”的平台是指入驻微信的商家官方账号，这些商家主要为拥有线下实体店的商家。

腾讯并未打消发展移动电商的念头，微信电商的种种花样都是在吸引淘宝卖家转移阵地。微信广告对于入驻商家也颇为昂贵，多数商家对微信电商仍持观望态度或处于试水阶段。

3．增值服务模式

增值服务主要有聊天表情、会员服务、金币购物、圈子和好友增加等。陌陌开始收取会员费，兜售表情贴图，并且和商家开展广告服务。截至 2014 年 9 月 30 日，陌陌有 230 万会员。根据陌陌财报数据，陌陌 2014 年第二季度会员收入为 558 万美元，占整个季度总营收的 66%。付费聊天表情在微信、陌陌、遇见与来往等均有所体现。付费会员服务主要体现在陌陌和遇见上，主要为会员提供一定的陌生人交友权限，包括提升曝光度、提升排名等。

4．广告模式

广告模式在各类即时通信类应用中均有所体现。一类为开机页面提示广告，用户打开应用后，便会在开机界面上看到提示广告；另一类为站内私信广告，即以私信方式推送广告。

腾讯于 2013 年年底上线“广点通”业务，成为腾讯移动广告联盟。腾讯移动广告联盟依托广点通平台广告技术和广告主资源，为移动应用开发者提供流量变现的移动嵌入式广告平台，支持 Banner、插屏、开屏、应用墙等多种广告形式。

第十八章

微信与手机QQ的未来

一．微信新功能与新应用猜想

2011年年初，腾讯正式推出微信，其功能包括支持用户快速发送文字和照片、多人语音对讲等。目前，微信支持iOS、Android、Windows Phone、Symbian等主流平台，用户还可通过“扫一扫”功能使用网页版。

微信自上线至今，在最初即时通信功能的基础上逐步增加了诸多的拓展功能，且许多功能以可选插件的形式存在，此种设计大大增强了用户的自由选择度，在更大程度上提升了用户体验，同时也为未来其他功能的扩展留下了想象空间。

（一）微信现有功能及其应用

1．即时通信功能

微信作为一款在智能终端提供即时通信服务的免费应用程序，可以支持跨电信运营商、跨平台使用。用户可以通过微信发送免费语音、文字、表情、图片和视频信息，同时还具有支持多人群聊和实时对讲功能。

2. 社交功能

微信备有导入 QQ 好友和手机通讯录功能，为用户构建熟人社交关系网提供了便利，并通过“查看附件的人”、“摇一摇”、“雷达”及“漂流瓶”等功能实现陌生人交友（如图 18-1 所示）。两种方式的结合，使用户可有效构建具有弹性社交特性的社交网络群组。用户不必区分熟人和陌生人，可单纯基于使用场景所形成的社交网络聊天，更具随时、即兴的特征，所获得的社交体验也更具丰富性和多层次。

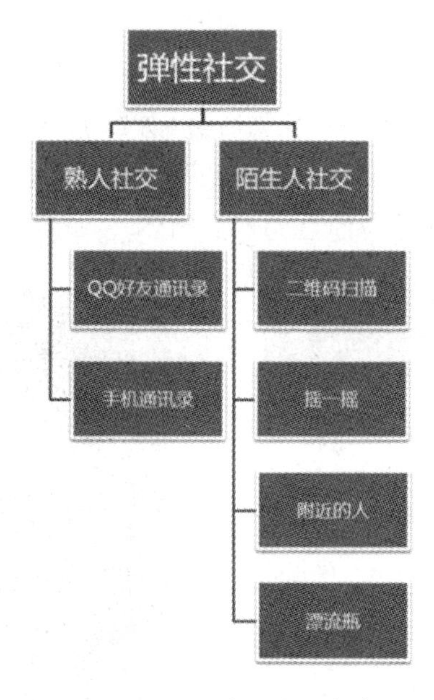

图 18-1　微信社交用户社交资源

图片来源：艾媒咨询自制

3. 媒体功能

2012 年 8 月，微信公众平台正式划分为服务号和订阅号。服务号旨在为用户提供服务，适用于企业做客户服务；订阅号主要是提供信息和资讯，为个人、企业与媒体发布信息与资讯提供了便利，引发了自媒体人进驻这一平台的热潮。

根据腾讯官方数据，截至 2014 年 7 月，微信公众账号数量达 580 万个，且日增 1.5 万个。微信公众平台和朋友圈，从某种程度上已然成为一个信息广播站。相较于传统媒体，微信的媒体功能具有深社交、精传播、强关系等特性。

4．商业平台功能

微信被业界誉为拿到了移动互联网的第一张“船票”。腾讯欲凭借微信这一平台，打造移动生活线上/线下的生态链，进而建立起消费者和商家共赢的价值链。当前，微信“二维码+账户体系+LBS+支付+熟人关系链”的在线商务闭环体系正逐步成型。

通过“我的银行卡”，用户可以完成话费充值、机票购买、打车、购物等一系列生活娱乐服务的在线支付；未来还可通过“扫一扫”功能，通过扫描二维码、条码、图书和街景，进而完成在线交易活动（如图 18-2 所示）。微信通过向第三方应用开发商开放 API 接口，借助“扫一扫”功能，成为整合线下商家的一个重要平台，初步形成了线上对线下的 O2O 模式闭环。

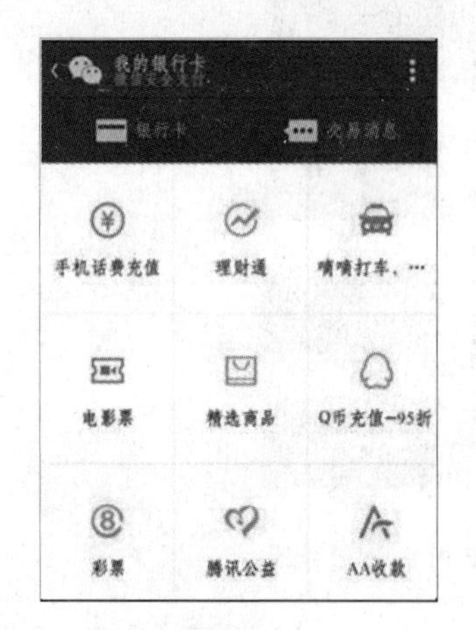

图 18-2 微信“我的银行卡”和“扫一扫”功能

5．微信小店开张，挑战淘宝

2014 年 5 月 29 日，微信公众平台正式推出微信小店，凡是开通了微信支付功能的认证服务号皆可在公众平台自助申请微信小店功能。

微信小店基于微信支付，功能涵盖“添加商品”、“商品管理”、“订单管理”、“货架管理”、“维权”等，开发者可使用接口批量添加商品。普通用户可直接通过小店功能管理小店，开发者则可以通过开发接口来实现更灵活的小店开发与运营。

微信小店的开设条件为：必须是服务号；必须开通微信支付接口；必须缴纳微信支付接口的 2 万元押金。服务号和微信支付都需要进行企业认证，在一定程度上提高了进入门槛。

实际上，微信小店的推出筹谋已久，其主要目的在于与腾讯力求将微生活与微购物电商系统相关联。微信此前的种种举动，包括限制个人好友上线、增加服务号推送，甚至多客服系统上线，都被分析人士认为是为微信小店的推出与发展作铺垫。归根结底是微信有意形成一套微电商闭环，一方面给公众平台积聚人气，另一方面也限制服务号之外的电商从其平台分流。

微信通过微信小店进入电商系统的细分平台，已经抛弃微信过去只做技术接口，将其余工作交给第三方的思路，利用“小而美”的第三方细分平台深挖电商领域。尽管腾讯过去曾经推出电商业务，但始终无法与阿里系抗衡。随着移动互联网的发展，尤其是腾讯与京东联合，或将有助于微信小店未来与京东微店形成闭环系统。当这套模式成型以后，未来 PC 端的很多用户也将有可能被引导到微信端，这对于目前仍然以桌面模式为主导的淘宝来说，是一个不容忽视的潜在威胁。

6．借力微信入口，京东登上移动电商快船

2014 年 5 月 27 日，京东集团宣布微信平台“购物”一级入口启动上线，这也是微信面向电商领域开放的首个一级入口。当点击“购物”后，出现的是“新发现”、“品牌”和“聚惠”3 个子栏目，定位各有侧重（如图 18-3 所示）。其中，“新发现”定位最潮和最新奇的好货，根据用户的喜好呈现不同的商品推荐；“品牌”则以特卖会等形式向用户推荐知名品牌的折扣商品；“聚惠”则是以向用户推荐高性价比的商品为主。在实际购买时，需要先绑定京东账号，这样可以在下单时同步用户的收货地址，付款环节提供“微信支付”和“货到付款”两种方式。

图 18-3　京东微信入口

微信在 2013 年 8 月上线“微信支付”后，腾讯就积极培养用户对于“微信支付”的使用习惯，最终目的是为微信添加电商平台功能。随着京东与微信支付的结合，才使得微信的平台化战略更加完善。

7. 游戏娱乐功能

当前，微信游戏主打精品休闲路线，上线游戏具有高质量、操作简单、互动性强、风格清新、轻松休闲等特点。游戏中加入了好友分数排名、朋友圈分享结果等社交元素，游戏中赋予社交功能，进而增加用户黏性。例如，最早推出的经《典飞机大战》和《天天爱消除》等游戏，都曾风靡一时，其中微信平台的社交属性功不可没。

8. 微社区

2013 年 12 月，腾讯旗下基于微信的“微社区”正式开放。微社区是康盛 Discuz! 团队开发的手机端新社区，基于微信庞大的资源，试图打造一个新的微信社交平台，激活微信公众账号订阅者的圈子社交属性。

微社区是基于微信公众账号的互动社区，可以广泛应用于微信服务号与订阅号，是微信公众号运营者打造人气移动社区、增强用户黏性的有力工具。

微社区解决了同一微信公众账号下用户无法直接交流、互动的难题，把公众账号“一对多”的单向推送信息方式变成用户与用户、用户与平台之间的“多对多”沟通模式，双向交流给用户带来更好的互动体验，让互动更便捷、更畅快。

微社区首次把 Web 2.0 的交互模式引入了微信公众平台，基于话题和共同兴趣，结合发帖和回复，促使用户从被动的信息接收者转向移动互联网信息的创造者，在公众账号与用户，用户与用户之间的互动中共同完成内容的制造和传播。

从微社区目前的产品形态来看，必须要具备“入口”和“话题”这两个关键点，才能建立有效的微社区。“曾小贤”微社区的火爆就是“微信运营+话题丰富+运营热情”的结果。

首先，“曾小贤”的扮演者陈赫的微信公众账号在芭莎娱乐的支持下建立起成功的互动平台。陈赫的微信个人站点里包含“陈赫来了”、“赫新闻”、“电台”、“写真”等二级页面。相比陈坤的微信号，页面内容更加丰富、有趣，融入了更多的互动环节。

其次，经常抛出明星和《爱情公寓 4》的话题。明星的八卦、动态、穿着、作品都是粉丝们可以围绕交流的话题。看“陈赫”的微社区，便可发现讨论的很多话题是下一集的剧情预测、剧情讨论、剧中人物讨论，以及延伸出来的对青春、爱情、家庭的感悟。

最后，陈赫及其团队对微社区足够重视。陈赫的微社区有专人运营，引导讨论方向，提高讨论积极性，净化讨论环境。当然，人气超高的陈赫也对微社区投入了精力。

（二）微信可能出现的新功能及其影响

艾媒咨询数据显示，2014 年上半年，中国手机网民数首次突破 6 亿，达到 6.05 亿，中国智能手机用户规模达到 5.56 亿。随着智能设备市场的逐步扩大，移动互联网的市场空间也将进一步被挖掘，移动互联网应用产品的数量每年以几何级数增加。要在移动互联网领域激烈的竞争环境中存活并持续发展，快速变革应深烙进产品的灵魂中。

在国内，虽然微信凭借良好的用户体验与海量的用户占据移动即时通信软件界的首席，但仍面临巨大的竞争和挑战。全球移动互联网行业发展态势瞬息万变，行业竞争格局时刻面临变化。在国内，米聊、来往、易信等应用已有千万级用户规模，陌陌主打“陌生人社交”概念，用户规模已突破1亿；在国外，WhatsApp、LINE等应用已占据一定的市场份额与用户基础，微信的全球化之路并不平顺，在美国市场的拓展尤其艰难。百度、阿里巴巴等互联网巨头纷纷布局移动互联网，圈池占地，移动端的生态竞争进一步加剧。

1. 即时通信功能

2013年12月4日，工业和信息化部正式发放4G牌照，宣告我国通信行业进入4G时代。4G的发展同样或将给微信带来新的发展机遇，新的应用的热点将可能集中在视频、办公、文件存储及传输领域，届时可能出现高品质视频和语音选项，以供用户在4G网络条件下选择，多人视频实时聊天功能或将出现。同时，微信云或将对普通用户开放服务，用户可通过微信云快速传输文件，并进行多设备调用。

2. 社交功能

当前，基于兴趣图谱的社交应用开始兴起。传统PC端兴趣社区开始转战移动端，很多新兴应用也开始尝试“基于地理位置的兴趣社交应用”，兴趣社交的发展潜力逐渐被看好。

目前，微信的微社区应用处于内测阶段，当前仅开放公众账号专属的“微社区”，用户可进行发帖、回帖和分享活动。这预示着在可预见的未来，微信极可能在其通讯录中增添兴趣社区功能，以方便用户加入兴趣群组，拓展社交途径。

3. 媒体功能

微信的基调是一款社交产品。微信公众平台开放服务号与订阅号之后，大量企业、个人与媒体进驻。在一段时间内，基于微信生态基础上的微信营销也逐渐蔓延。

为避免重蹈微博过度商业化营销的覆辙，腾讯官方规定："禁止公众账号互推"，"禁止用附近的人、漂流瓶推广"，以及"禁止用利益吸引用户"等，规范微信公众平台的运营。

自媒体群体作为微信公众平台的重要参与者，给微信带来了极强的媒体属性。在各大巨头争抢自媒体资源的情况下，微信或采取新动作，改变其较为封闭的传播路径，如提供订阅号导航服务，为用户提供其感兴趣的优质订阅号。同时，为保证微信公众平台的内容质量，微信未来可能引入"点赞"机制，对资讯信息显示评价人数及"点赞"百分比，并鼓励用户对不良信息进行举报。

4．商业平台功能

从微信公众平台诞生开始，微信团队就在不断摸索其商业化模式，目前主要聚焦的几大模式为：用户服务、电子商务和微信游戏。

在用户服务方面，社会化服务平台是微信公众号的基本元素，通过第三方开发商开放相关端口，为用户提供服务。随着微信语音识别接口与支付接口的陆续开放，其移动商业链已逐渐成熟。未来，微信可能对部分服务收取费用，企业在获得更多开放权限的同时，也将获得更多的套现机会，如 VIP 特权服务和付费订阅号。此外，根据微信第三方开放平台 API，第三方开发商还可进行二次开发，这在某种程度上可取代单独的 App，从而形成 App Store 的类集合。

微信小店的正式上线，作为公众平台基础设置的完善，也标志着微信开始在公众平台上构建较为完善的电商服务体系。微信小店相当于提供了基本的货架和交易流程，凭借这些基础设施，可以满足商家的基本需求，进而实现在技术上零门槛开启移动电商，解决了部分商家的技术瓶颈。而对于微信第三方开发商而言，早期仅靠一套或者几套模板走天下的时代已经结束。

微信的社交特征决定了微信电商不是纯粹以流量来卖货，而是需要在互动中积累粉丝和客户关系，因此，基本的货架、购买与订单管理等功能远远不能实现互动的目标。如何利用微信特征加强互动关系，如何在微信小店基础功能之上更好地实现客户关系管理，为商家提供更深入的解决方案，掌握用户习惯和用户特

性，有针对性地提升用户的满意度，这或可成为第三方开发者重点发展方向

此外，在电商领域，微信的“扫一扫”和“微信支付”已打通电子商务渠道，为微生活和线上线下购物公众号打下了坚实基础。

微信将原本的“扫一扫”扩展成二维码扫描、条码扫描、封面扫描、街景扫描和单词扫描翻译，这被看作是微信切入本地生活电商的重要手段。街景扫描功能所具有的视觉搜索特征引发了人们广泛猜想。街景扫描功能目前主要为定位功能，商户信息欠缺，但发展快速且潜力巨大。未来，用户通过扫描街景便可查找周边商户，点击商户将会呈现店铺内景及商品信息，进而实现在线购买、进店消费，实现 O2O 闭环。微信的“扫一扫”功能或可进化出搜索功能。当用户对商品进行扫描时，可以选择是否呈现与该商品有关的其他精准化商业信息，如所搜纸本书籍的电子版等。

5．物联网平台功能

物联网时代正在到来。在 2013 年的 WE 大会上，马化腾表示，“第一个路标是连接一切，未来将走向一个很大、很全、可以全面联系的一个网络实体”，暗示了腾讯要连接一切的计划。未来，微信做的不仅仅是人与人的连接，或将是人与物或者物与物的连接。以机器的二维码作为设备 ID，用户通过微信与设备的对话，以此控制设备。

以智能家居为例，未来的空调、电冰箱、窗帘、电视、电饭锅都可通过网络，在微信平台实现遥控和监视。可以试想，当用户下班前，用微信对家中的电器发出“浴室烧热水”、“空调换气”、“洗衣机洗衣服”等指令，回到家就在新鲜的空气中把洗好烘干的衣服挂起来，并洗个热水澡——这样的生活确实值得期待。

6．应用和游戏功能

目前，微信平台的工具应用开发尚处于初始阶段，但仍拥有一定的使用比例。可以猜想，若微信商业化完备后，工具应用或将成为微信的又一大新亮点。同时，“小黄鸡”之类的娱乐性应用和小型的 HTML5 网页游戏因其使用简单、形式多样且富有乐趣，或将在微信公众平台上得到进一步应用。

二．手机 QQ 与微信命运猜想

2014 年 5 月 6 日，腾讯公司对外公布正式成立微信事业群，由微信掌门人张小龙担任微信事业群总裁，并对公司内部组织架构进行调整。腾讯内部邮件显示，微信事业群将负责微信基础平台、微信开放平台、微信支付拓展与 O2O 等微信延伸业务的发展，并包括邮箱、通讯录等产品的开发与运营。这也意味着微信正式独立。

随着微信事业群的成立，腾讯撤消了腾讯电商控股公司，实物电商业务并入京东，O2O 业务并入微信事业群。诚如张小龙在内部邮件中所言："微信已完成第一阶段的孵化，从产品升为腾讯战略级的业务体系下，全面助力公司在移动互联网领域发挥更大作用。"微信事业群正成为腾讯未来移动战场的主力军，其他六大业务群或将是后勤和基地，负责跟进、支撑和变现。

此番微信"独立"，引发外界讨论的话题颇多。手机 QQ 与微信同属于腾讯重量级的社交产品，毋庸置疑，腾讯高层首次将"腾讯生态"明确分解为"QQ 生态"与"微信生态"两部分，手机 QQ 与微信的未来走势值得关注。

（一）手机 QQ 与微信用户群体比较

1．区域分布与用户结构比较

在用户数量上，微信与手机 QQ 用户之间的差距正在逐渐缩小。根据腾讯 2014 年 Q1 财报显示，截至 2014 年第一季度末，手机 QQ 用户取得了强劲增长，月活跃账户同比增长 52%，增至 4.9 亿。QQ 空间的用户活跃度也有所提升，手机 QQ 空间的月活跃账户达 4.67 亿，同比增长 44%。截至 2014 年第一季度末，微信及 WeChat 的合并月活跃账户同比增长 87%，至 3.96 亿，即将冲破 4 亿大关。

在用户分布上，微信与手机 QQ 存在一定差异。微信用户主要分布于一线、二线城市，用户分布较为集中；手机 QQ 用户广泛覆盖于中国各线城市，从一二线到三四线及以下城市，手机 QQ 均有广泛的覆盖。

在用户属性上，微信用户以学生、白领等中高端群体为主，微信在这部分群体中广受欢迎。微信的用户人群更集中于“三高”人群（高学历、高收入与高工作压力），这部分人对移动产品的敏锐度与接受度更高。而手机 QQ 凭借 PC 端的优势，用户覆盖率最广，在中国拥有最广泛的覆盖人群，无论是一二线城市还是三四线及以下城市，QQ 通过多年的沉淀与积累，拥有较稳定的社交关系。

QQ 和微信的用户分析如图 18-4 所示。

	用户属性	关系网络
QQ	用户覆盖最广； 涵盖高中低端网民。	社会关系网络稳定； 用户关系对等。
微信	用户相对集中； 用户偏中高端。	既有稳定的熟人关系； 也有不稳定的关系网络。

图 18-4　QQ 和微信的用户分析

图片来源：艾媒咨询自制

2. 手机 QQ 用户活跃度现呈疲软

当前，手机 QQ 的在线规模虽然仍在增长，但用户发送消息量却呈现下滑趋势。长期的用户积累让 QQ 的用户增长已接近天花板，已无可能获得更大的用户量，而对于微信来讲，仍存在较大的发展空间。

（二）手机 QQ：悄然推进“去微信化”

随着移动互联网的发展，用户从 PC 端向移动端转移的趋势日益明显。手机 QQ 近年来的数次改版升级，似乎都是亦步亦趋，紧跟微信步伐，两款产品的功能差异性未能完全体现。手机 QQ 与微信的功能对比如表 18-1 所示。

表 18-1　手机 QQ 与微信的功能对比

功　能	手机 QQ	微　信
社交资源	QQ 好友；通讯录；附近的人；扫一扫	通讯录；QQ 好友；附近的人；扫一扫
文字聊天	√	√

续表

功　　能	手机 QQ	微　　信
音频	√	√
电话呼叫	√	无
多人语音通话	√	无
视频	√	√
文件传输	√	√
附件的人	√	√
群组聊天	√	√
好友动态查看	QQ 空间	朋友圈
公众平台	无	√
LBS	√	√
二维码	√	√
在线支付	√	√
附近生活	√	无
游戏	√	√
阅读	√	无

数据来源：艾媒咨询

通过对比发现，手机 QQ 与微信的功能重合率较高，也不可避免地被外界评论为“一个关系链上的两个延伸”。手机 QQ 的微信化，也将导致其与微信处于内部竞争的态势，差异化难以体现。

但自手机 QQ 4.1 版之后，手机 QQ 的多次升级已悄然开始“去微信化”。手机 QQ 4.2 版上线游戏中心与个性主题；4.5 版上线了阅读中心、空间动态、闪照、群相册与水印图；4.6 版新增了点对点语音功能；而语音功能在 4.7 版升级为多人群聊。这些都可视为手机 QQ 在一定程度上的去微信化。

1. 互联网语音通话功能

相较文字输入，电话呼叫立刻能获得别人的回应，也不用区分好友是否在线。手机 QQ 4.7 版新增语音通话功能，支持 QQ 通讯录与手机通讯录，其使用路径为启动图片、选择对象、发起通话、呼叫振铃到通话，将用户打电话的习惯移植到互联网。

事实上，手机 QQ 的用户规模与在手机网民中的渗透率高于微信，新增的手机通讯录好友功能将进一步增强手机通讯录的重叠度，“二维码”与“附近的人”这两项功能导致手机 QQ 在社交资源的拓展方面无异于微信，且用户使用 QQ 软件 PC 端的语音和视频已较为普及，用户 PC 端的使用习惯极易迁移到移动端。

随着 4G 时代的到来，移动互联网基础设施也趋渐成熟，互联网语音通话将成大势，WhatsApp 等巨头已将此计划落地实施。这一领域的发展不仅局限于个人，企业更是未来发展布局的蓝海。

当前，手机 QQ 4.7 版已推出了 50 人多方通话功能，借助手机通讯录、人脉关系搜索、QQ 群功能，手机 QQ 或将在商务环境中有更多的拓展功能。

2. 吃喝玩乐：生活领域 O2O 的暗中布局

与微信 O2O 布局的高调不同，手机 QQ 已暗中完成生活领域 O2O、游戏与电商等领域的布局。

当前，大众点评已接入手机 QQ 的“吃喝玩乐”板块，用户可以使用 QQ 钱包绑定银行卡，完成在线支付。在电商领域，手机 QQ 已接入了京东和美丽说等。

微信公众平台更适合于企业服务，封闭的生态圈甚至没有搜索推荐功能，很大程度上影响了企业/商家的推广。这一点或成为手机 QQ 差异化发展的路径。诚如腾讯社交网络事业群（SNG）掌门人汤道生在接受《财经》记者采访时表示，QQ 已搭建了 QQ 商家体系，通过广点通帮助企业直达顾客，以 QQ 群等产品形式管理和服务客户，完成订单的支付、送达，并通过广点通变现。QQ 已完成一整套的闭环体系。

3. 甩掉 PC 端包袱，全面移动化

QQ 发展了 14 年，手机 QQ 也运行了 10 年，数亿用户已相当程度上固化了手机 QQ 的产品设置与设计习惯，过于成功的经验反而成为其转型移动端的包袱与障碍。

当前，手机 QQ 的诸多功能与设计是 PC 端向移动端的延伸，相较于微信针对移动端使用场景与习惯的量身打造，手机 QQ 具有一定的弱势与短板。无疑，即时通信是手机 QQ 的核心功能，但“随时在线”确实是移动产品的核心准则。手机 QQ 4.0 版取消了在线好友提示功能，被诟病为“微信化”，遭到了广大用户的批评。也许，对于手机 QQ 而言，未来的移动端如何改版，如何在用户多年使用习惯与移动端使用场景中兼顾，或许需如走钢丝般谨慎。

（三）微信商业化之路：谨慎与耐心

1．慎重对待商业化

微信的独立无疑意味着其在腾讯内部的权力更大，在内部权限和资源方面与 QQ 平起平坐，更有利于与腾讯其他事业部的利益关系调整。

微信的未来发展布局与掌门人张小龙的个人风格和理念密不可分。张小龙反对微信的过分商业化，“如果我们认为用户不能被骚扰，我们就不会在产品中做出骚扰用户的行为”，一语道出了张小龙希望微信成长为不急于盈利、重视用户体验的产品。或许对张小龙而言，微信的未来发展是“有所为，有所不为”。

2．微信小店：微信移动电商的推进

微信小店是腾讯试水社交电商的重要一步。微信作为社交平台，能建立粘合度很高的粉丝关系，进而提高用户的忠诚度、重复购买率和交易的成功率，同时提高用户的体验度。这点与淘宝不同。淘宝买卖双方交易后，再次到店时，很有可能还是通过淘宝搜索过来的，若要提高销量，必须通过打广告、买钻展，向淘宝购买流量。

微信天生的社交基因决定微信必须控制营销广告，以免破坏社交体验（提高卖家进入门槛也是为了保证用户体验）。当然，微信小店依赖微信社交的传播属性，社交传播不是花钱买广告资源，让顾客被动观看广告的一种传播方式，而是顾客基于体验自发产生的一种点对点传播或者分享在自己一个圈子的传播方式，这种方式形成链式反应之后，相当迅速。所以，社交电商，自律很重要，好口碑传播很快，坏口碑亦然。总之，微信小店不用买广告就可以快速传播电商信息。

商家入驻、开门纳客、微信支付等均比微信小店推出得早，实际上为微信小店的推出做足了铺垫，微信小店一定程度上代表了腾讯自己的意志。

但在移动互联网时代，微信小店又绝不同于拍拍、易迅，甚至不同于淘宝和天猫。淘宝天猫模式事实上是搜索型购物，用户搜索、比较、下单，甚少关注到底是谁在卖货，这代表了 PC 时代的购物习惯。微信小店需要以用户关注某个商家公众账号为前提，看似购物门槛提高了，但实际上代表了社交电商的未来趋势——粉丝经济和精准营销。

3. 商业化价值有待提升

2014 年 3 月，艾媒咨询曾专门针对商铺用户微信运营情况进行线下调研，调研结果表明，微信公众平台更适合做企业/商铺的 CRM（客户管理）工具，而非营销工具，这在一定程度上影响了微信的商业价值。根据艾媒咨询调研数据显示：高达 50.7% 的中小商家认为微信关注用户的增长主要来自于线下的实体经营；24.2% 的商家仍倚重原有的客户积累；得益于微信线上推广成效的仅占 25.1%。通过微信接入新客户的成效有限。

（四）小结

微信独立后，腾讯内部的组织架构得以调整，对于手机 QQ 而言或为利好，明确与微信的各自权限与定位，或将逐渐对其产品线做进一步的梳理。此后，手机 QQ 将在商业模式最成熟的移动游戏和娱乐化应用市场上发力，微信将发展重点放在移动支付、互联网金融、电商与 O2O 方面。

第十九章
微信的全球化现状及发展展望

一．微信全球化现状、难点与策略分析

（一）微信海外市场发展现状

微信全球化战略始于 2011 年 10 月推出英文版本，与腾讯正式推出微信相隔仅 9 个月时间。2012 年 4 月，微信推出 4.0 版本，英文版微信正式更名为 WeChat。根据 2014 年腾讯第二季度财报，截止 2014 年 6 月，微信海外用户数已经突破 2 亿。

目前，WeChat 已推出了繁体中文、英语、泰语、印尼语、越南语与葡萄牙语等版本，同时支持海外 100 多个地区手机短信注册 WeChat 账号，并开通了 Facebook 官方主页。当前，微信在香港、印度、印度尼西亚和马来西亚获得了良好的口碑，当地注册用户数不断增长，在当地市场具有一定的竞争力。

在操作平台方面，WeChat 采取了全平台应用策略，覆盖了包括 Android 和 iOS 两大平台在内的几乎所有平台，以及 Windows Phone、Symbian 等。

在运营策略上，WeChat 注重本土化运营。WeChat 根据本土用户的使用习惯定制不同的功能。例如，美国、日本等地注重隐私保护，WeChat 废除了“漂流瓶”、“摇一摇”等服务。

在推广策略上，WeChat 针对不同国家和地区定制推出不同版本的广告，邀请不同的代言人，如在欧洲地区邀请了梅西充当代言人。在美国，WeChat 联合 Google

进入美国市场，推出“连接 Google 账户至 WeChat ，并添加 5 个联系人，即可获得价值 25 美金的礼品餐券”活动。

在商业化方面，WeChat 试图延续国内 QQ 的成功经验，着力打造优质通信平台，在聚合庞大客户群体的基础上，连接电商、游戏，力求打造一个全新的开放平台。WeChat 当前在海外市场尚处于用户积累阶段，商业化仍处于前期尝试阶段。

（二）微信全球化战略的难点

1. 面临类微信产品的竞争

移动互联网应用产品数量每年都以几何级数增加，仅有少数优秀应用能够占据市场，获得发展。

在全球市场上，类微信产品的竞争非常激烈。WeChat 在整个国际市场面临 WhatsApp、Facebook Messager、LINE 等诸多强劲对手。北美市场由 Facebook Messager 和 WhatsApp 牢牢占据；南美洲和欧洲市场，WhatsApp 几乎处于垄断地位；在东南亚和南亚市场，WeChat 还面临具有区域特色的产品竞争，如日本的 LINE 和韩国的 Kakao，这两款应用在各自母国和邻近国家均占有相当的市场份额。

2014 年 2 月，Facebook 继收购 Instagram 之后，又收购了 WhatsApp，逐渐形成了其在类微信产品市场的垄断地位。因此，WeChat 在北美和欧洲等市场的拓展将面临更加严峻的考验。

2. 需重新把握海外用户需求

海外用户对即时通信类产品的需求分散（如表 19-1 所示）。以美国市场为例，年轻人会使用 Snapchat，商务人士倾向于使用 Linkedin，WhatsApp 替代短信用于即时沟通，Instagram 用于分享日常点滴。

表 19-1 常用即时通信软件用户分布

国家和地区	FB Messager	WhatsApp	Kakao	LINE	WeChat
美国	12%	9%	1%	1%	1%
加拿大	17%	18%	1%	2%	2%
英国	15%	49%	—	1%	1%

续表

国家和地区	FB Messager	WhatsApp	Kakao	LINE	WeChat
澳大利亚	19%	22%	1%	4%	5%
阿根廷	29%	96%	—	—	—
巴西	32%	90%	—	4%	—
哥伦比亚	27%	96%	—	26%	—
墨西哥	31%	94%	—	14%	—
德国	29%	91%	—	1%	—
西班牙	13%	99%	—	44%	—
法国	19%	17%	—	1%	—
意大利	33%	83%	—	3%	—
中国	—	15%	2%	11%	82%
中国香港	21%	96%	3%	46%	53%
日本	18%	8%	9%	71%	6%
韩国	6%	3%	95%	12%	—

数据来源：根据 Onavo Insights 2013 年 6 月公布的数据整理

当前微信的功能已经大大超出了社交的概念，除了聊天功能，还有朋友圈、漂流瓶、游戏、微信支付等，仅添加好友这一功能，添加 QQ 好友、扫一扫、摇一摇、雷达加朋友、通过附近的人加朋友……这种功能繁多的产品设计比较符合中国用户的习惯，但美国用户的产品使用需求相对实用。WhatsApp 只专注于通信，所有的功能都和通信相关。同样，Skype 做了这么多年没走出聊天的圈子，Facebook 也没有改变其社交网站的性质。微信繁多的产品功能或许能获得当地华侨、留学生的好感，但能否赢得该地区的用户认同尚待观察。

此外，微信在国内成功的重要原因之一是可以实现将用户 PC 端 QQ 好友资源与通讯录资源无缝对接。海外用户并没有使用 QQ 的习惯，大多是类似 MSN 等交流工具的忠实用户，QQ 的使用人群主要为学生和华人打工群体。微信在海外没有用户资源积累这一核心优势。微信若用中国人的思维去做产品推广，忽略文化和用户行为的差异，恐难体现成效，“入乡随俗”方为上策。

WeChat 的全球用户分布极度不均匀。在国内和香港市场具有压倒性规模优势，东南亚等国家发展势头良好。在印度尼西亚市场，经过大规模电视广告营销、与当地媒体公司 MNC Media 集团合作后，WeChat 已成为当地苹果 App Store 和 Google Play 应用商店排名第一的移动即时通信软件。但在北美和欧洲市场，WeChat 与领头羊产品仍存在较大差距，且 WeChat 的用户在这些国家多限于华人华侨。

3. 国际壁垒——网络安全

移动互联网产业是当下的热点，部分国家早已列之为国家战略。为了保护国家战略优势，以各种借口设立国际壁垒的情况屡见不鲜。华为的经历显示了中国企业进入欧美主流市场之路的艰难。可以预见，在有实力且有意愿发移动互联网的国家，如美国、德国、俄国、日本、印度等，WeChat 将会受到不同程度、不同形式的排斥，这背后有国家战略背景的影响。

此外，国家政治环境变化的诡秘也一定程度上影响了微信的海外拓展之路。例如，东南亚和日本市场的反华情绪高涨，微信用户规模的拓展也更加艰辛。

4. 自身限制——缺乏技术创新与文化差异

WeChat 的成功是典型的以技术方式推动商业、生活方式革新的案例。这种推动不仅受限于商业和生活，而且首先受限于技术创新自身。

当前，我国的互联网技术整体落后于美国，行业实践多为国外翻版。因技术和创意的整体落后，我国的诸多移动互联网应用，包括类微信的即时通信产品发源地几乎均为国外。

我国人口众多，人口红利巨大，随便成功模仿一个产品都能产生巨大利益，导致相关从业人员缺乏工匠精神，产品整体质量欠佳。国内互联网行业的整体创新意识尚待提升。

此外，微信的国际化还面临文化差异。我国企业较少系统研究西方文化并用于指导行业实践。长期的弱势地位，加上对方的"强国"心态，对微信攻克西方发达国家市场增添了一道屏障。"微信之父"张小龙承认："发展中国家要向发达地区输出产品，除了要跨越技术和质量门槛外，还要打破西方用户对于本土产品固有的推崇和自信，这种心态也成了 WeChat 开拓欧美市场的主要障碍。"

（三）微信全球化

1.“农村包围城市”

“我曾经和张小龙探讨过国际化的问题，他想过在墨西哥大力推广微信，借助墨西哥人把微信带到美国去，传染更多的美国主流用户。”久邦数码创始人张向东曾经在接受《第一财经日报》采访时如是说。“农村包围城市”，这也是过去微信全球化的主要策略。

WeChat 当前主攻东南亚和中东等较落后国家和地区。这些地区基础设施较为落后，人口众多，发展潜力大，同时又为国外同行所忽视，进而为避开强劲对手的优势布局、寻找突围之路找到了方向。这些区域社会经济发展相对滞后，WeChat 具有技术和质量方面的竞争优势，且不会受到强烈的国家战略阻挠。更重要的是，上述国家多受儒家思想影响，华人华侨根基深厚，为 WeChat 的业务开展提供了有利条件。WeChat “农村包围城市”的策略，化劣势为优势，避实就虚，为日后决战存储实力。

2. 推进线下，打造平台

在对平台的打造方面，WeChat 积极联合当地商家开发 WeChat 商圈。WeChat 和泰国知名饮料品牌 Chang 密切合作，开通“Wechang”官方账号，展开表情定制及线上与线下的联合活动运营。此外，麦当劳、肯德基等品牌均开通了 WeChat 的官方账号，方便他们通过 WeChat 和客户进行沟通。

互联网、移动互联网正在打破行业边界，对传统产业产生冲击，这种冲击可能是颠覆性的。互联网时代，巨头之间比拼的不是某个业务或者产品，更多的是整个平台和生态系统，不在一招一式上见高低。

值得注意的是，欧美地区的类微信产品多采用向 C 端收费的盈利模式，这种模式已非常成熟，消费者接受度高。WeChat 采取平台化运作方式，拥有较大的发展潜力，但此方向的实现需要当地用户使用习惯与认可度的培养，逐渐并入本地商家和当地的应用开放商，推进步伐不可过急。WeChat 的平台化效果还需考察。

3. 发力游戏

当前，类微信产品均具备通信、图片、视频应用等功能，同质化严重（如表19-2 所示）。

表 19-2　类微信产品功能对比

商业模式	WeChat	WhatsApp	Kakao	LINE
收费应用		√		
贴图小铺				√
虚拟道具			√	√
表情符号			√	√
游戏平台			√	√
企业官方账号	√		√	√
O2O 模式	√		√	
广告收费			√	

数据来源：艾媒咨询根据官方资料整理制作

WeChat 尝试通过游戏突围。WeChat 希望通过游戏聚集第一批用户，从而获得发展。WeChat 国际化之路选择游戏作为突破口还基于以下考虑：第一，游戏对本地化的要求较弱，任天堂开发的《超级玛丽》深受全球数十亿人喜爱，农场种植类游戏在国内外市场同样受欢迎；第二，游戏行业前景广阔，利润丰厚，游戏营收占腾讯全部营收的半壁江山，手游业务占 2013 年第四季度腾讯游戏业务营收的 7.1%。另外，腾讯副总裁马晓轶称，腾讯公司手游项目已占 2014 年所有新增游戏项目的 80%。

（四）小结

微信的国际化除了同类产品的竞争外，还面临着一些国家的政策影响。中国互联网脱骨于美国，微信能否成功“走出去”，对整个中国互联网都是一次挑战。希望腾讯的努力和投入能够换得应有的回报，在全球化战略中逐步改变策略，适应当地，厚积薄发，让一款好产品真正“走出去”。

二．未来微信引发的产业变革展望

微信，作为一种生活方式，已经影响了很多人的生活。它打通了人际交往的关系链条，在线下人际关系的基础上构建线上关系链，以此强化线下关系。由于微信这种宏大的使命和平台化的商业模式，其中可能蕴含无限商机，对某些行业产生变革性的影响也是值得期待的。

（一）电信行业

2012年11月，中国电信科技委主任韦乐平在中国通信产业大会上表示，电信业面临的最大挑战来自 OTT。韦乐平指出，电信业面临的最大挑战是来自外部的OTT，共同的敌人是互联网公司，相比腾讯等互联网公司，电信运营商的用户并不多。事实上，随着微信的迅猛发展，其正逐步侵占着传统电信运营商的经营业务，让运营商几乎沦为一个流量管道，只能提供一个纯粹的数据服务。如今人们对短信的使用越来越少，而越来越倾向于在微信上发送信息；未来随着 VoIP 的开禁，传统电信业的电话业务也必将遭受打击，这些都促进着传统电信业的变革。

微信相较电信运营商，在用户资源和软件技术方面占有一定的优势地位。以微信为代表的 OTT 业务是通信产业的未来发展趋势，电信业未来的竞争将会是以技术资本为支撑的对用户资源的争夺，如果传统电信行业的运营商不与时俱进，采用先进技术进行自身革新，那么它的统治地位将不复存在。

传统电信业正在努力尝试寻求“去电信化”，全面拥抱移动互联网思维。电信业未来将更注重用户关系的构建，在不断改进技术、为用户提供更低成本的基本通信功能的实现方式的基础上，打造用户的社交群体，增强使用黏性。传统电信业也将与更多的企业类型展开合作，利用各方资源优势，满足市场多样化通信需求。例如，广东联通和微信合作推出了微信沃卡，打开了传统电信运营商拥抱 OTT 的局面；中国电信与网易合作推出了自己的移动即时通信产品易信，仅上线一天就收获 100 万注册用户；而中国移动则将传统的短信、语音业务升级成为类似微信的“融合通信”，加速向流量经营转型，用流量收入来弥补短信收入。在以微信为代表的 OTT 业务的冲击下，传统电信业的转型升级势在必行。

（二）电商领域

随着微信功能的逐渐完善，从增加的“扫一扫”到“我的银行卡”，基本完成了获取商品信息、完成交易的流程，搭建了电商业务的整体环境。微信平台化运作或许可以成为商品购物的入口，为各大电商提供流量，而实体卖场将成为体验店，形成完整的 O2O 线上线下模式。消费者只需拿起商品“扫一扫”，就能自动获得商品在各电商企业的信息，包括价格、好评率等，消费者只需选择最满意的电商然后下单即可。同时，用户也可在微信“我的银行卡”下的“精选商品”和“超市”进行商品的购买。

许多用户也成为“微店”的经营者，朋友圈里的微信生意正如火如荼地开展，这在一定程度上对阿里旗下的天猫、淘宝造成了冲击，还对很多 B2C、团购网站、点评、分类信息网站构成了威胁。而随着微信平台上电子商城的搭建工作逐步完成，这些威胁和冲击也将越来越大，将有大量的电商公司未来放弃综合类电商业务而专注于为细分市场提供服务，或者与微信达成合作关系，在微信平台上经营业务。

（三）出版传媒行业

传统出版业的内容形式已经朝数字化方向演进，书籍、音乐和电影等也在利用互联网思维进行进化。通过微信的“扫一扫”功能，可以获得相应书籍、CD 和电影的内容简介和购买信息。若未来微信开通扫描一本书能出现该书的电子版供试读、扫描一张 CD 能出现歌曲的 MP3 格式供试听、扫描一张电影海报能出现电源精彩视频供试览功能，或将创造巨大的商业价值，同时也将造就无数的自由创作者。

自由创作者通过微信公众号或者朋友圈发布一定的免费内容来吸引粉丝，有购买意愿的粉丝可以通过微信进行支付购买，还可以通过连载的形式吸引粉丝持续购买。例如，作家可在朋友圈或公众号发布连载内容吸引用户购买，歌手可以发布网络歌曲供免费试听、付费下载，视频创作者也可发布含有广告的免费视频来赚取收入。自媒体节目“罗辑思维”的制片人罗振宇通过微信公众号募集第二批付费会员，仅仅一天入账就达 800 万元；而自媒体人“鬼脚七”的微信广告每条收费 4 万元，反映出其中蕴涵的极大潜力。

（四）金融行业

互联网金融正迅速崛起，冲击着银行在存款和基金理财等产品上的巨大收益。随着 P2P、余额宝、融 360 等互联网金融产品的不断推出，传统金融业开始认识到互联网金融所具有的强大威力，而“微信支付”和“微信红包”的出现则再度说明了互联网裹挟着庞大的用户优势、极强的客户黏性及便利的移动应用环境，可以在极短的时间，以一种“核裂变”的方式实现爆炸式的增长，对传统金融业务产生了威胁。为了应对变革，拥抱移动互联网，传统金融业开始采取积极措施和微信合作，以寻求突破。

招商银行率先推出了“微信银行”，上线 3 个月用户就已突破 100 万。通过微信银行，用户只需发个微信，就能获得个人账户情况、信用卡账单、各类贵金属价格、外汇价格等。这极大地方便了客户，提升了客户体验，也在很大程度上节约了银行的服务成本。

继招行之后，各银行纷纷行动，与微信展开合作，开设各自特色的微信公众号。当用户在银行的公众平台绑定了自己的微信号后，银行将会对用户的个人信息、银行账户内容全部绑定和加密，并为用户提供便捷和人性化的服务。与此同时，各大基金和保险公司也纷纷跟进，开通了微信公众号，并在其上推出基金和保险交易业务，用户可通过微信支付实现保险支付和货币基金的存入及快速取现等功能。通过将物理网点变成虚拟网点，将人工电话客服变成在线客服，将庞大的 IT 系统变成简单易用的公众号，金融业的变革已经开始。

（五）餐饮行业

借助微信基于地理位置的服务和企业公众号，线下餐饮店和影院可以被更多的消费者知晓，由此带来了更多的客流量。消费者通过微信查找附近的商家，然后挑选自己喜欢的商品和服务，支付后即可到商家消费，而商家则直接获得消费者在线支付的款项。而这种交易不是单方向的和一次性的，企业借助微信公众号可以定期发送一些精准的、对用户有价值的信息，吸引用户二次到店。同时，企业也可借此更好地进行客户关系管理，提升用户满意度。

随着微信扫一扫街景功能和微生活会员卡服务的不断完善，用户可以完成查询、指引、下单、支付等，直到最终消费的全过程行为。在这个过程中，商家提高了资源利用率和服务效率，节约了时间和成本，可为消费者创造更好的消费体验。在大数据时代，企业还能利用微信平台，对客户数据进行细分，进而提供个性化服务，借此提高用户体验，不断提升用户规模和活跃度，同时降低宣传成本，提高效率，提升用户黏度。微信线上对线下的O2O闭环正日益完善，其对传统影院和餐饮业的变革也是众所瞩目，而未来这种变革将会愈发深远。

（六）医疗行业

医疗行业竞争越来越激烈。在国家工商总局开始全面限制医疗广告的情况下，医疗行业竞价成本不断升高，SEO 工作也越来越难以开展。为此，医疗行业一直以多样化营销推广和提高用户体验作为其改革方向，而微信的出现为医疗行业带来了新的机会。

目前在医疗行业面临的主要问题如下。

- 客源问题：一般而言，医院都是在做一个地区的服务，一般顾客也都来源于这个地区，但很多医院的所在地不能满足其客源需求，这些医院有着强烈的推广渴望。
- 信任问题：由于信息的不对称及相互间缺乏了解，很多患者和医生是处于敌对状态的，这是目前医患冲突愈演愈烈的原因之一。
- 资源浪费和效率低下：目前许多医院的医疗流程存在着效率低下和资源浪费的问题。以挂号为例，在挂号高峰期往往很难挂上号，影响患者及时就医，而在闲时很多挂号窗口却都浪费掉了。

借助微信，医疗行业可以在很大程度上改善这些问题。通过建立医院公众账号，借助二维码、LBS 等功能，医院可以获得更多的消费者关注。在微信平台做好如基础信息（类似养生）传递、提供预约挂号、查询化验单、预约服务等，提供医院基础信息（医生排班等等）、医院科室介绍及客户反馈追踪等服务，通过和消费者的良性互动建立起信任关系。同时，利用微信提供的数据库做好客户关系管理，医院可以迎来更多的客源，顾客的满意度可以获得提升，资源浪费也可得到更大程度上的改善。而未来，微信在智能硬件领域发力的可能，更为医疗行业的变革带来了无限的想象。可以设想：智能化微信设备将来不仅能协助医生手术，让医生能实时获取病人的电子医疗档案，还能在帮助用户追踪自己的健康状况等方面作出突破性创新，这给医疗保健领域带来的冲击是不言而喻的。

致谢

本书出版过程中，感谢互联网实验室徐玉蓉、潘斐斐、李志敏、胡怀亮、张雪征，以及博客中国高忆宁的大力支持。

书中部分内容参考了文献资料，对这些文献资料的作者一并表示感谢。

由于时间仓促，因此书中有论述不周、逻辑不够严密之处，恳请斧正！

感谢读者对本书的支持！

打造21世纪的走向未来丛书

我们正处于互联网革命爆发期的震中，正处于人类网络文明新浪潮最湍急的中央。人类全新的网络时代正因为互联网的全球普及而迅速成为现实。网络时代不再是体现在概念、理论或者少数群体中，而是体现在每一个普通人生活方式的急剧改变之中。互联网超越了技术、产业和商业，极大地拓展和推动了人类在自由、平等、开放、共享、创新等人类自我追求与解放方面的高度，构成了一部波澜壮阔的人类社会创新史和新文明革命史！

过去20年，互联网是中国崛起的催化剂；未来20年，互联网更将成为中国崛起的主战场。互联网催化之下全民爆发的互联网精神和全民爆发的创业精神，两股力量相辅相成，相互促进，自下而上呼应了改革开放的大潮，助力并成就了中国的崛起。互联网成为中国社会与民众最大的赋能者！可以说，互联网是为中国准备的，因为有了互联网，21世纪才属于中国。

互联网带给中国最大的价值与意义在于内在价值观和文明观，就是崇尚自由、平等、开放、创新、共享等内核的互联网精神，也就是自下而上赋予每一个普通人以更多的力量：获取信息的力量，参政议政的力量，发表和传播的力量，交流和沟通的力量，社会交往的力量，商业机会的力量，创造与创业的力量，爱好与兴趣的力量，甚至娱乐的力量。通过互联网，每一个人，尤其是弱势群体，以最低成本、最大效果拥有了更强大的力量。这就是互联网精神的革命性所在，这种互联网精神通过博客、微博和微信的普及，得以在中国全面引爆开来！

如今，中国已经成为互联网第一大国，也即将成为互联网创新中心。从应用和产业层面，互联网已经步入“后美国时代”。但是，目前互联网新思想依然是以美国为中心。美国是互联网的发源地，是互联网创新的全球中心，美国互联网“思想市场”的活跃程度迄今依然令人叹服，各种最新著作的引进越来越同步，成为助力中国互联网和社会发展的重要养料。而今天，中国对于网络文明的灵魂——互联网精神的贡献依然微不足道！文化的创新和变革已经成为中国互联网革命最大的障碍和敌人，一场中国网络时代的新启蒙运动已经迫在眉睫。“互联网实验室文库”的应运而生，目标就是打造“21世纪的走向未来丛书”，打造中国互联网领域文化创新和原创性思想的第一品牌。

互联网对于美国的价值与互联网对于中国的价值，有共同，更有不同。互联网对于美国，更多是技术创新的突破和社会进步的催化；而对于中国，互联网对于整个中国社会的平等化进程的推动和特权力量的消解是前所未有的，社会变革意义空前！所以，研究互联网如何推动中国社会发展，成为“互联网实验室文库”的出发点。文库坚持“以互联网精神为本”和“全球互联，中国思想”的宗旨，以全球视野，着眼下一个十年中国互联网的发展，期望为中国网络时代到来谏言、预言和代言！互联网作为一种新的文明、新的文化、新的价值观，为中国崛起提供了无与伦比的动力。未来，中国也必将为全球的互联网文化贡献自己的一份力量！

“互联网实验室文库”得到了中国互联网协会、首都互联网协会、数字论坛和浙江传媒学院互联网与社会研究中心等机构的鼎力支持，因为我们共同相信，打造21世纪的走向未来丛书是一项长期的事业。我们相信，经过大家的努力，中国为全球互联网创新作出贡献的时刻已经到来，中国为全球互联网精神和互联网文化作出贡献的时刻也即将开始，中国互联网思想的全球崛起也不是遥不可及。我们相信，随着互联网精神大众化浪潮在中国不断深入，让13亿人通过互联网实现中华民族全民复兴不再是梦想！

方兴东

互联网实验室创始人、丛书总编